Markus Bennemann

BÖSE BÄUME

GOLDMANN

Markus Bennemann

BÖSE BÄUME

Wie sie töten, stehlen, Feuer legen – die dunkle Seite unserer liebsten Waldbewohner

Mit Illustrationen von Janine Czichy

GOLDMANN

2. Auflage
Originalausgabe November 2022

Umschlaggestaltung: UNO Werbeagentur, München
Umschlagmotiv: FinePic®, München
Redaktion: René Stein
EB · Herstellung: CF
Satz: Uhl + Massopust, Aalen
Druck und Bindung: CPI books GmbH, Leck
Printed in the EU
ISBN 978-3-442-31676-2

www.goldmann-verlag.de

Für Annette,
die eigentlich
lieber Blumen mag.

Inhalt

Vorwort

Ich liebe den Wald. An Wochenenden beginne ich den Tag in der Regel mit einem kurzen Waldlauf. Im Sommer wirft die Sonne sanftes Licht durch die Blätter. Im Winter ist alles still, nur aus dem Norden eingeflogene Bergfinken hüpfen zwitschernd über die Zweige. Eine halbe Stunde genügt, und ich fühle mich wie neugeboren. Als käme ich tatsächlich munter und erfrischt vom »Waldbaden«, von dem jetzt so oft die Rede ist. Als hätte das kurze, hechelnde Bad im Wald Seele und Sinne gereinigt.

Woran das liegt? Schwer zu sagen. Ich könnte es auf die anregende Wirkung des Sports zurückführen. Aber nach einem gemächlichen Spaziergang ist es ähnlich. Die gute Luft? Ätherische Ausdünstungen? Eine uralte Erinnerung daran, wie ich als Steinzeitmensch durch Wald und Flur gestapft bin? Oder einfach nur das Bewusstsein, für einen Moment dem Trubel der Welt entronnen zu sein?

Ganz für mich allein. Mit Erde, Tieren – und Bäumen.

Meine Heimatstadt Wiesbaden liegt am Fuß des Taunus, und der ist zum Glück voller großer und schöner Bäume. Alte knorrige Eichen, duftende Fichten, dunkle Erlen an den Bächen. Hier und da helle Birken, von denen die Rinde abblättert wie feines Papier. Und natürlich jede Menge Buchen.

Ein Biologe hat mir mal erklärt, dass Bäume eigentlich nur »Fahrstühle für Blätter« sind, also im Grunde rein mechanische Vorrichtungen für den Wettkampf ums Licht. Da ich nicht nur den Wald, sondern auch das Meer liebe, amüsiere ich mich manchmal damit, sie wie Korallen zu betrachten. Ihr Wuchs ist ähnlich. Auch sie filtern Stoffe aus dem umgebenden Element. Zwischen ihnen flitzen bunte Wesen umher. Und ab und zu gleitet ein Mäusebussard durch die Kronen wie ein majestätischer Raubfisch.

Korallen gehören immerhin zum Tierreich, aber Bäume sind »nur« Pflanzen. Zum Fühlen fehlen ihnen Nerven und Gehirn, sagen Wissenschaftler. Schmerz, Liebe, Großmut, mütterliche oder väterliche Gefühle – all das sind Illusionen, die wir ihnen andichten, weil wir sie aus irgendeinem Grund so sehr mögen. Auch ich selbst erwische mich oft genug dabei, wie ich glaube, von ihnen ginge eine ganz eigene Präsenz aus. Wie uralte, Spalier stehende Wächter einer tiefen Weisheit, die ihr Leben ruhiger und gelassener macht als unser eigenes.

Ist es aber tatsächlich so, wie manche sagen, und Bäume fühlen viel mehr, als wir denken, dann ist das vielleicht gar keine so gute Sache. Könnten sie tatsächlich Angst und Schmerz empfinden, oder sendeten sogar stumme Schreie aus, dann wäre mein morgendlicher Waldlauf weit weniger friedlich und erholsam.

Dann wäre praktisch der ganze Wald erfüllt von den Schreien der Bäume. Von ihrem stillen Wehklagen, verzweifelten Jammern und stummen Winseln um Gnade. Und das keineswegs nur, weil ein Specht auf ihnen herumhämmert oder wir sie so oft misshandeln.

Nein, auch Bäume selbst tun sich jede Menge Böses, Gemeines und ausgesprochen Grausames an. Sie töten und bestehlen einander, vergiften und verstümmeln sich gegenseitig und saugen andere Bäume aus wie Vampire. Manche gehen sogar so weit, ganze Wälder abzufackeln, nur um sich einen kleinen Vorteil zu verschaffen.

Bäume sind wunderschön, wohltuend und vielleicht auch weise. Manchmal – oder sogar ziemlich oft – sind sie aber auch alles andere als das.

Auch darin sind sie uns Menschen ähnlicher, als wir es vielleicht gerne hätten.

1 Die Würgerin im Dschungel

Dem ersten – und wahrscheinlich berüchtigtsten – bösen Baum dieses Buches begegne ich auf Bali.

Ich bin nicht zur Recherche dort, sondern aus weniger seriösen Gründen. Ein nach Australien ausgewanderter Freund hat einen runden Geburtstag, und ein paar alte Kumpels wollen mit ihm auf Bali feiern. Für Australier ist die indonesische Insel so etwas wie für uns Deutsche Mallorca, von Deutschland aus liegt sie natürlich nicht ganz so günstig. Sowohl unter Klimaaspekten als auch finanziell ist der Trip ziemlich unvernünftig – aber was tut man nicht alles für seine Freunde.

Unser alter Freund hat seine neuen Kumpels aus Australien mitgebracht, und die machen ihrem Ruf alle Ehre. Ein paar Tage lang gibt sich die deutsche Delegation alle Mühe, sowohl beim Surfen draußen auf dem Meer als auch abends an der Bar nicht vollkommen *down under* zu gehen. Dann versuchen ein paar von uns, sich durch einen Ausflug ins Hinterland wenigstens eine kleine Verschnaufpause zu verschaffen.

Auf Bali legt man am besten alle Wege im Taxi oder auf dem Rücksitz eines Taxi-Scooters zurück. Man selbst als Fahrer würde den Verkehr wahrscheinlich nicht überleben. Die Balinesen rasen regelmäßig auf der Gegenfahrbahn aufeinander zu und schlängeln sich durchs Gewusel, wie man es sonst nur aus Verfolgungsjagden im Kino kennt. Jeder deutsche Verkehrsteilnehmer würde hinterm Steuer erst mehrere Tobsuchtsanfälle und schließlich einen Nervenzusammenbruch erleiden. Die Balinesen scheinen das ständige, haarscharfe Vorbeischlittern am Tod nicht mal zu bemerken.

Unser Weg führt uns vom dicht besiedelten Süden über Reisterrassen und Bergstraßen zum Danau Tamblingan, dem kleinsten der drei vulkanischen Kraterseen im Norden. Hier kann man nicht nur einen schönen alten Tempel besichtigen, sondern sich auch durch den dichten Urwald an den Hängen des Kraters führen lassen. Vorher bekommt man einen Kaffee serviert, der schon den Verdauungstrakt einer Zibetkatze passiert hat, aber trotzdem noch so stark ist, dass einem die Hände zittern.

Unser Guide führt uns den schmalen Pfad entlang und erklärt Wissenswertes zu Tieren und Pflanzen. Schließlich gelangen wir zu einem hohen alten Baum, der offensichtlich als »Fotobaum« auf den Touren dient. Er ist hohl und lässt genug Platz im Innern, um sich hineinzustellen. Auf einer Seite hat der Stamm eine Öffnung, durch die man sein Gesicht stecken kann. Gehorsam stellt sich einer nach dem anderen in den Hohlraum und macht das obligatorische Foto.

Etwas an dem Baum ist jedoch seltsam. Trifft man im deutschen Wald auf einen hohlen Baum, geht es ihm oft nicht so gut. Die Blätter sind licht, im Innern leben Pilze, Spinnen und Fledermäuse, und morsches Holz zeugt vom nahen Ende.

Der »Fotobaum« im indonesischen Dschungel wirkt jedoch quicklebendig. Die Krone ist voll, die Rinde glatt, nirgends graben Käfer ihre Gänge, und dankenswerterweise hängt auch kein indonesischer Flughund über unseren Köpfen. Noch etwas anderes fällt auf: Der graugrüne Stamm besteht nicht aus einem Stück, sondern aus vielen dünnen Strängen, die miteinander verschmolzen sind wie eine Art hölzernes Gewebe. Das Ganze wirkt organisch, dynamisch, und fast ein bisschen unheimlich.

Das Loch, durch das wir unsere Gesichter gesteckt haben, ist auch kein altes Astloch, sondern eine von zwei Strängen geformte Öffnung. Sieht man zu lange hin, hat man das Gefühl, sie könnte sich jeden Moment schließen. Vielleicht ist das vom »Katzenkaffee« verursachte Herzflimmern schuld, vielleicht die langen »australischen Nächte«: Der ganze Stamm des Baums wirkt plötzlich wie ein lebendiges Geflecht aus dicken Seilen, das sich jederzeit zuziehen kann wie eine Falle. Drinnen ist man gefangen und wird langsam stranguliert – oder stirbt schließlich an Durst und Hunger.

Unser Guide klärt uns darüber auf, dass es genau so ist – allerdings nur für Bäume. In dem hohlen Schacht in der Mitte des Baums, in dem wir eben standen, reckte sich einst ein stolzer Urwaldriese empor. Doch heute ist nichts mehr von ihm übrig.

Er wurde Opfer der Würgefeige, des mörderischsten Strangulationskünstlers des tropischen Dschungels.

Würgefeigen werden gerne als »parasitärer Albtraum« beschrieben, der anderen Bäumen Wasser, Nahrung und Licht raubt, indem er sich um sie windet wie die Baumversion einer riesigen Würgeschlange. Tatsächlich führt das nicht selten dazu, dass der ursprüngliche Baum im Innern

der Würgefeige abstirbt und zerfällt, sodass wie bei uns auf Bali nur der hohle Stamm des Schmarotzers übrig bleibt. Der tut sich dann auch noch an den in den Boden übergehenden Überresten seines Opfers gütlich.

Laut molekularer Analyse sind Feigen eine ziemlich alte Gattung von Pflanzen. Sie begannen bereits vor mindestens 60 Millionen Jahren, die Erde zu bevölkern. Wie vermutet wird, hatte damals gerade der Einschlag eines großen Meteoriten das Ende der Dinosaurier eingeläutet, und der Aufstieg der Säugetiere und Vögel begann. Dass diese gerne Feigen essen, nutzte auch der Ausbreitung der gleichnamigen Pflanzen, und heute wachsen sie in den warmen Regionen der Welt in fast tausend verschiedenen Arten. Es gibt sie als haushohe Urwaldbäume, dazwischen hängende Lianen, hundertstämmige Banyanbäume, Obstbäume, Kautschukbäume und deutsche Büros zierende Gummibäume und Benjamini. Und es gibt sie eben auch als Würgefeigen.

Wenn man mit Biologen über Feigen spricht, leuchten ihre Augen, und das nicht mal unbedingt wegen der zu tödlichen Fesselspielen neigenden Sorten. Alle Feigen nutzen eine ganz eigene Art der Bestäubung. Dabei kriechen winzige Wespen in unreife Feigen, die innen hohl und mit blütenartigen Gebilden ausgekleidet sind. Die Wespe bestäubt diese Blüten, legt in einigen aber auch ihre Eier ab (und stirbt dann, weil sie auf dem Weg in die Feige Flügel und Fühler verloren hat). Die aus den Eiern hervorgehende Wespenbrut paart sich in der Feige, und die Männchen graben Gänge nach draußen, damit die mit Blütenstaub beladenen Weibchen entkommen können. Diese fliegen zum Teil kilometerweit, um irgendwo wie ihre Mutter in eine unreife Feige zu kriechen und das Spiel von Neuem zu

Was vom Baume übrig blieb: Nach langer Zeit sterben die Opfer der Würgefeige ab und nur sie steht noch.

starten. Gleichzeitig beginnt in der verlassenen Feige das mit Kernen durchsetzte süße Fleisch zu reifen, das wir von diesen Früchten kennen.

Heißt das, in jeder frischen oder getrockneten Feige, die wir essen, haben erst jede Menge kleine Wespen Inzest getrieben und dann ihre tote Mutter und erschöpften Brüder zurückgelassen? Na ja, nicht ganz. Obwohl es auch deutsche Medien immer wieder berichten, steckt nicht in jeder Feige zwangsläufig eine tote Wespe. Zum einen gibt es viele Sorten von Essfeigen, die sich selbst befruchten und ganz ohne Wespen auskommen. Zwar trifft das auf die am Mittelmeer angebauten Sorten, die hauptsächlich bei uns erhältlich sind, in der Regel nicht zu. Aber auch hier läuft die Bestäubung so ab, dass zumindest keine geschwisterlichen Orgien in den Feigen stattfinden, und selbst die in ihnen sterbenden weiblichen Wespen werden von pflanzlichen Enzymen zersetzt. Knirscht es also beim Kauen oder bleibt was zwischen den Zähnen stecken, keine Sorge: Das sind wirklich nur Kerne.*

Die reifen Früchte von Würgefeigen sind oft kleiner und anders gefärbt als die grünen und violetten Essfeigen mit dem roten Fleisch, die es bei uns frisch zu kaufen gibt. In Florida zum Beispiel, wo Verwandte von mir leben und ich die zugehörigen Bäume schon hundertmal gedankenlos bewun-

---

* Veganer, die ihre Sache sehr ernst nehmen, müssen allerdings aufpassen. Bei einem kurzen Check im Supermarkt habe ich sowohl getrocknete Feigen gefunden, bei denen offenbar bewusst auf das Vegansiegel verzichtet wurde, als auch welche, die eins trugen, sich aber auf der Webseite des Herstellers als eindeutig von Wespen bestäubt entpuppten. Der sicherste Weg zu tausendprozentig veganen Feigen ist zweifellos, sich selbst ein Feigenbäumchen zu ziehen: An denen wachsen in unseren Breiten grundsätzlich nur selbstbefruchtende Sorten, weil es für Feigenwespen zu kalt ist.

dert habe, hängen sie häufig wie dicke gelbe Beeren an den mit großen Blättern besetzten Zweigen. Hier wurden diese Früchte bereits von den Ureinwohnern gegessen, und in den tropischen Regenwäldern der Welt gehören Feigen zur Hauptnahrung vieler Tiere, weshalb Feigenbäume gerne als sogenannte Schlüsselspezies bezeichnet werden. Da immer gerade irgendwo Feigenwespen schlüpfen müssen, damit die Bäume bestäubt werden können, blühen sie nicht wie unsere Bäume und auch viele tropische Arten zu einer bestimmten Zeit alle auf einmal. Stattdessen blüht jeder einzelne Feigenbaum nach seinem eigenen Rhythmus und bis zu fünfmal im Jahr, was dazu führt, dass auch die reifen Früchte immer gerade irgendwo im Blätterdach zu finden sind. Dort wimmelt es dann von hungrigen Affen, Vögeln und anderen kletter- und flugfähigen Tieren.

Betrachtet man das Stammgeflecht vieler Würgefeigen und ihre über den Boden gewundenen Wurzeln, denkt man leicht, sie seien von unten an ihrem Opfer hochgekrochen. Wie Bohnen an ihrer Stange, Efeu an der Wand oder irgendeine andere Kletterpflanze. Fast kann es wirken, als hätte der Baum seine Arme aus der Erde gestreckt wie ein sagenhafter Riesenkrake seine Tentakel aus dem Meer, um ein Schiff zu kapern. Zumindest aber, so meint man, hat sich jeder einzelne Strang langsam am Stamm hochgewunden wie eine Baumschlange auf dem Weg zu ihrer arglosen Beute.

Doch das Gegenteil ist der Fall: Der Würger kommt aus der Luft. Und bis er seine kriminelle Energie entwickelt, bildet er erst mal ziemlich lang eine ganz harmlose WG mit seinem Opfer.

Sollen Soldaten hinter feindliche Linien vordringen, werden sie mit dem Fallschirm abgeworfen oder per Hubschrauber abgesetzt. Auch Würgefeigen gelangen meist per Lufttransport in fremde Gebiete. Und zwar im Bauch von Vögeln oder von Baum zu Baum springenden Affen, die sich an ihren Früchten satt gefressen haben.

Wie alle essbaren Früchte dienen auch jene von Würgefeigen nur als Mittel zum Zweck, damit Tiere die darin verborgenen Samen weitertragen.* Da Bäume wenig mobil sind, könnten sie sich anders kaum neue Lebensräume erschließen. Einige, wie Ahorn, Linde und Birke, bauen auch eigene Hubschrauber und Gleitschirme für ihren Nachwuchs, damit der Wind die Ausbreitung erledigt. Kokospalmen setzen ihre Brut sogar gewissermaßen in Landungsboote, damit sie nach langen Reisen über den Ozean neue Strände erobert.

Mit dem Fallschirm aus einem Flugzeug zu springen ist nicht jedermanns Sache. Doch die Samen von Würgefeigen müssen im gewissen Sinne einen noch unangenehmeren Weg gehen. Während ihr tierischer Weiterträger die Luft oder das Blätterdach durchquert, durchqueren sie seinen Darm. Das umgebende Fruchtfleisch wird oft bereits beim Kauen abgelöst, aber auch dann bleibt den geschluckten Samen eine fleischige Hülle, die sie auf der Reise durch den Verdauungs-

---

* Der Einfachheit halber nenne ich Feigen Früchte, doch eigentlich ist jede von ihnen ein sogenannter Fruchtverband, der aus vielen winzigen, im Innern der Feige liegenden Früchten besteht. Wie bei einem nach innen gewendeten Obstbaum sind diese aus den vielen einzelnen Blüten im Innern der Feige entstanden. Die winzigen länglichen Früchte bilden zusammen das Fruchtfleisch, das beim Öffnen einer Feige zum Vorschein kommt. Die darin eingebetteten Kerne, sprich Samen, sind in Wirklichkeit in den oberen, dickeren Teil jedes einzelnen Fruchtstrangs eingelagert.

trakt schützt. Wie bei Misteln, einem bei uns häufig anzutreffenden Baumparasiten, ist diese Hülle geleeartig und klebrig. Dadurch bleiben die Samen besser haften, wenn ein Vogel, Affe oder Flughund sie Stunden nach seinem Mahl auf einem anderen Baum wieder ausscheidet. Forscher vermuten außerdem, dass die Fähigkeit der Hülle, Feuchtigkeit aus der Luft aufzunehmen, die Samen vor dem Austrocknen schützt und ihnen beim nächsten Schritt ihrer Mission hilft: der Keimung.

Am günstigsten für die Samen ist es, wenn sie in einer Astgabel, einem Astloch oder einem Rindenspalt landen. Noch wohler fühlen sie sich, wenn sich hier etwas verfaultes Holz, zerfallene Blätter oder feuchtes Moos gesammelt hat. Wie Blumenerde in einem Balkonkasten kann ihnen solches Substrat als Nährboden dienen. Außerdem hält es die Samen feucht und schützt sie zu einem gewissen Grad davor, von kleinen Tieren verspeist oder von Ameisen abtransportiert zu werden. Bei manchen Würgefeigen scheint es allerdings so zu sein, dass sie auch die Ameisen gezielt zur Ausbreitung einsetzen und ihre Samen durch den Weitertransport erst zum finalen Bestimmungsort gelangen.

Fallen Samen von normalen Feigen auf die Erde, bilden sie zunächst winzige Wurzeln aus, um Nährstoffe aus dem Boden aufzunehmen, erst dann lassen sie die im Samen verborgenen Keimblättchen wachsen. Bei Würgefeigen wurde es genau umgekehrt beobachtet. Da sie nicht immer mit nährreichem Substrat rechnen können, ist es wohl günstiger für sie, erst ihre Keimblätter auszuklappen, ähnlich wie eine auf dem Mars gelandete Sonde ihre Solarpanels. Der Zucker, den sie in ihren Blättern mithilfe des aufgefangenen Sonnenlichts herstellen, dient ihnen in dieser kritischen Phase als wichtige Nahrungsquelle.*

Wer schon mal im Regenwald war, hat sicherlich die schönen Orchideen und Bromelien bemerkt, die hier und da auf den Bäumen wachsen. Wie willkürlich auf Stämme und Äste getupft wirken sie mit ihren bunten Blüten, als hätte sie ein verliebter King Kong aufs Geratewohl im Urwald verteilt. Bei ihnen handelt es sich um sogenannte Aufsitzerpflanzen, im lateinischen Fachjargon Epiphyten genannt, die den ewigen Kampf um einen Platz an der Sonne, der im Dschungel herrscht, geschickt umgehen, indem sie ihn gleich möglichst weit oben beginnen. Die staubfeinen Samen von Orchideen werden vom Wind, aber auch, wie man jüngst herausgefunden hat, im Magen von Insekten weitergetragen; und anders als zum Beispiel Misteln schaden sie ihrem Wirtsbaum nicht, sondern benutzen ihn wirklich nur als Podest. Bei den Würgefeigen, die als Halbepiphyten bezeichnet werden, ist es genauso – zumindest, na ja, in der ersten Phase ihres Lebens.

Als eine Freundin von mir mal länger im Urlaub war, bat sie mich, ihre Orchideen zu gießen, ersparte mir aber gnädigerweise, die Wurzeln jeder einzelnen Blume zu »baden«, wie es sich eigentlich gehört. Als Aufsitzer lebende Orchideen haben spezielle Luftwurzeln, mit denen sie sich nicht nur an ihren Wirt klammern, sondern auch Wasser und Nährstoffe aus der Umgebung aufnehmen (das mir ersparte Baden soll einen tro-

---

* Manchmal kommt es auch vor, dass die Samen von Würgefeigen erfolgreich in der Erde keimen. Dann schlingt sich die spätere Pflanze tatsächlich am nächsten Baum hoch wie eine Würgeschlange.

pischen Regenguss nachahmen). Würgefeigen durchdringen erst eventuell vorhandenes Substrat mit feinen Würzelchen, bilden dann aber ebenfalls dickere Luftwurzeln aus, mit denen sie sich wie Orchideen an ihrem luftigen Sitz mehr Halt verschaffen. Ihr Wirtsbaum könnte sie jetzt tatsächlich auch für einen solchen Aufsitzer halten und sich, falls zu ästhetischen Empfindungen fähig, vielleicht sogar über den hübschen Dschungelschmuck freuen.

Bald müsste dem Baum jedoch auffallen, dass was faul ist an der Sache. Zum einen lässt sein Untermieter, obwohl jetzt schon mit einem kräftigen Spross und großen Blättern versehen, keine der hübschen Blüten erblühen, mit denen andere Aufsitzer im Urwald glänzen. Zum anderen fehlt den Luftwurzeln des Gasts der typische Überzug aus schwammigem Gewebe, der zum Beispiel Orchideen das Leben in feuchten Höhen erleichtert. Noch beunruhigender ist, dass die Wurzeln nicht aufhören zu wachsen, sondern eine oder mehrere von ihnen sich langsam, aber stetig den Stamm hinabwinden – oder sich sogar senkrecht zur Erde fallen lassen wie ein sich langsam ausrollender Gartenschlauch. Hätte der Baum nicht nur einen Sinn für Ästhetik, sondern auch Hände, würde er spätestens jetzt alles daransetzen, die Wurzeln seines Besiedlers abzureißen, und sich das kleine Pflänzlein von der Krone schleudern wie ein brennendes Toupet.

Für die junge Würgefeige ist diese Phase nach der erfolgreichen Ablage und Keimung der dritte entscheidende Abschnitt im Leben. Beobachtungen in verschiedenen Urwäldern lassen darauf schließen, dass die Chancen auf weiteres Wachstum sich für die jungen Aufsitzer massiv erhöhen, sobald eine ihrer Wurzeln den Boden erreicht. Tatsächlich hat die scheinbar so schlaue Strategie, sich von Affen oder Vögeln sofort in den oberen Etagen des Walds absetzen zu lassen, ja einen großen Haken: Die jungen Feigen bekommen dadurch zwar mehr Licht, sind aber vom Erdboden und seinem Reichtum an Wasser und Mineralien abgetrennt. Genügen das bisschen Humus in ihrer Astgabel und die per Fotosynthese hergestellten Kohlenhydrate nicht, um ausreichend lange Luftwurzeln aufzubauen, sterben die jungen Aufsitzer oft wieder ab und haben das Spiel verloren. Auch vertrocknen können sie, wenn sich ihr Platz an der Sonne als allzu sonnig herausstellt. Dann darf ihr Wirtsbaum – mit Blick auf das ihm ersparte Schicksal – im wahrsten Sinne des Wortes aufatmen.

Erreicht eine der Wurzeln jedoch den schattigen Urwaldgrund, sieht die Sache anders aus. Jetzt beginnt die junge Würgefeige, gierig Wasser und Nährstoffe durch die erfolgreich angeschlossene Leitung nach oben zu pumpen. Wie in einem Hollywood-Thriller ist der dramatische Moment erreicht, an dem der unauffällige Untermieter sein wahres Gesicht zeigt – und sich vom harmlosen Hausgast zur Bedrohung für Leib und Leben wandelt.

Betrachtet man die vielen verschiedenen Stadien und Formen des netzartigen Geflechts, mit dem sich Würgefeigen um ihre Opfer winden, ist es schwer, nicht an Filmklassiker wie *Alien* und die bizarren Kulissen des Schweizer Künstlers HR Giger zu denken. Oder an den aus der gleichen Zeit stammenden Pflanzenschocker *Die Körperfresser kommen,* in dem außerirdische Sporen ähnliche Geflechte nutzen, um sich in das gefühllose Abbild ihrer menschlichen Opfer zu verwandeln.

Einmal mit der Erde verbunden, sprießen die Glieder des Aufsitzers wie die Fäden einer Flechte oder eines sich auf überreifem Obst ausbreitenden Schimmelpilzes – zumindest in der zeitrafferartigen Wahrnehmung, die man so langlebigen Organismen wie Bäumen unterstellen kann. Immer mehr Luftwurzeln streckt der auf dem Baum sitzende Schössling aus. Auch sie winden sich wieder abwärts um den Stamm, kriechen ihn in gerader Linie hinab oder lassen sich von einem Ast senkrecht zu Boden fallen. Rötlich, fein und weich zunächst, werden sie holzig, hart und grau, sobald sie unten im Humus stecken, und schmiegen sich durch Bildung spezieller Holzzellen eng an den Stamm ihres Wirts. Auch immer dicker werden sie, und dort, wo sie sich berühren oder überkreuzen, öffnet sich die Rinde, und die in der Mitte liegenden Leitungen für Wasser, Zucker und Mineralien verbinden sich. Irgendwann ist das Ganze zu einem lebendigen hölzernen Korsett verschmolzen, das den Stamm wie ein grobmaschiges Netz umgibt oder sich sogar komplett schließt. Fast wirkt es, als solle es den Baum stützen, und die senkrecht von den Ästen abgehenden Luftwurzeln, die irgendwann zu dicken Säulen anwachsen, verstärken diesen Eindruck noch. Auch in der Nähe meiner Wohnung, auf dem Wiesbadener Kochbrunnenplatz, stand lange ein schöner alter Trompetenbaum, bei dem man einen ausladenden Ast mit einem Stahlpfeiler abgestützt hatte. Will die Würgefeige ihrem Wirt vielleicht denselben Dienst erweisen?

Nein, will sie natürlich nicht, und der Stamm ist keineswegs der einzige Teil des Baums, den die Feige überwuchert. Auch oben in der Krone schlingen sich ihre Luftwurzeln um die Äste und werden manchmal so schwer, dass sie dem Wirt gleichsam die Arme brechen. Zugleich reckt sich der wohlgenährte obere Teil der Pflanze, also der eigentliche Feigenbaum, immer mehr zum Licht, klettert mit jeder Verästelung weiter gen Himmel und lässt große Blätter sprießen, die jene des Wirts beschatten. Unten streckt die Feige ihre Wurzeln bis zu zehn Meter weit sternförmig über den Boden. Manchmal mit knorrigen Wülsten bedeckt, sehen sie wirklich aus wie die Arme eines Kraken. Doch auch aderartige Geflechte sind möglich, oder hohe Brettwurzeln, die wie Falten im Gewand einer düsteren Dschungelkönigin erscheinen. Noch einen Stock tiefer, im Erdreich, winden sich die hungrigen Stränge auch um die Wurzeln des Wirts und trinken statt ihrer die Säfte und Salze des Lebens.

Wenn wir zum Bild des kriminellen Untermieters zurückkehren, hat der sich nun nicht nur in sämtlichen Etagen breitgemacht. Auch die Dachterrasse beansprucht er für sich allein, und unten an der Haustür fängt er jeden Pizzaboten ab. Eine Räumungsklage verspricht im Urwald wenig Aussicht auf Erfolg, und auch sonst hat der Baum offenbar wenig Möglichkeiten, sich gegen den übergriffigen Mitbewohner zu wehren. Tatsächlich gibt es in Florida und anderen warmen Gegenden Würgefeigen, die sich auch über menschliche Bauten hermachen. Nicht nur Mauern am Straßenrand

umklammern sie mit ihren unzähligen Wurzelarmen, sondern oft ganze kleine Schuppen und Gebäude. In Mexiko überwuchern sie zum Teil die alten Maya-Pyramiden, drängen sich mit unerbittlicher Kraft zwischen die Steinblöcke – und bringen die antiken Zeugnisse menschlicher Zivilisation zum Einstürzen.

Trotz ihrer Kraft erwürgt die Würgefeige nicht wirklich ihre pflanzlichen Opfer, indem sie ihr hölzernes Korsett immer fester zieht. Nein, die Wahrheit ist noch schrecklicher: Die Bäume erwürgen sich selbst. Palmen zum Beispiel, deren Stamm nach dem ersten Aufbau nur weiter in die Höhe wächst, aber kaum noch dicker wird, leiden in der Regel weniger unter der ungewollten Umarmung. Andere Bäume jedoch verdicken stetig ihren Stamm, um ihr wachsendes Geäst zu tragen, und viele ihrer für Ernährung und Wachstum nötigen Strukturen liegen unmittelbar unter der Rinde. Hier befindet sich das lebende Bastgewebe, das Zucker von der Krone in die Wurzeln leitet, darunter die Kambium genannte Schicht, die jedes Jahr neue Wachstumsringe aufbaut, und dahinter junges Holz, in dem Wasser und Mineralien aus den Wurzeln nach oben wandern. Mit jedem neu abgelegten Holzring im Innern gerät all das stärker unter Druck, sodass Bast und Kambium zerquetscht

Vom harmlosen Untermieter zum echten Problem: der üble Werdegang einer Würgefeige.

werden. Der Baum bekommt vielleicht nicht wirklich die Luft, doch aber Gefäße und Organe abgeklemmt.

Manche Bäume nehmen selbst bizarre Wuchsformen an, um sich aus dem Würgegriff zu winden, und bei Weitem nicht alle sterben. Über die Zeit kann aber die Kombination aus Beengung, Beschattung und Beraubung dazu führen, dass die Äste verdorren, die Wurzeln verkümmern und die Abwehrkräfte gegen Feinde schwinden. Dann geht der Baum ein, der Stamm wird von Pilzen, Käfern und Termiten zerfressen. Und mit den Nährstoffen, die so in den Boden gelangen, düngt das Opfer zuletzt noch die Wurzeln seines Peinigers.

Am Ende bleibt das hohle Wurzelgeflecht, das sich jetzt selbst trägt und wie ein von der Natur geschaffenes Kunstwerk anmutet. Der perfekte »Fotobaum«, in dessen Stamm man sich selbst fühlt wie in einem hölzernen Gefängnis. Während hoch oben in der Krone vielleicht gerade ein Vogel von den Feigen nascht und so das Unheil erneut seinen Lauf nimmt.

In Filmen werden Würgeszenen manchmal ausgedehnt, um den Todeskampf des Opfers eindringlicher zu machen. Aber ein so langes Ringen wie im Urwald würde wohl kein Regisseur seinem Publikum zumuten. Wie schnell die Luftwurzeln von Würgefeigen wachsen, wurde noch nicht untersucht. Doch von anderen Aufsitzern ist bekannt, dass sie bis zu zehn Meter pro Jahr an Länge zulegen können – zwei Zentimeter am Tag, man kann ihnen förmlich beim Wachsen zusehen. Bis sich das Korsett komplett schließt, dauert es in der Regel trotzdem Jahrzehnte. Bis von einem stattlichen Baum wie jenem, der einst am Danau Tamblingan auf Bali stand, am

Ende nur noch der unsichtbare Umriss zu erahnen ist, vergehen wohl mindestens 100 Jahre.

Bei der Wahl ihrer Opfer sind Würgefeigen nicht kleinlich. In Indonesien sieht man sie oft auf Eisenholz- und Flügelfruchtbäumen, in Florida auf Palmettopalmen, Eichen und Sumpfzypressen, in Indien auf Dattelpflaumen und Kirschmyrten, in Afrika auf Topffrucht- und Zürgelbäumen, in Australien auf Stinkbäumen und Araukarien, und im Amazonas-Regenwald auf so ziemlich jedem Baum, der nicht bei drei auf den Bäumen ist. Gemütliche Äste sind ein Risiko, ebenso Kuhlen, in denen sich tote Blätter und Tierexkremente anhäufen, und natürlich Früchte, die Tiere anlocken, die auch die Früchte von Würgefeigen gerne fressen. Manche Baumarten werden trotzdem auf rätselhafte Weise verschont, und obwohl auch andere Feigen und Würgefeigen besiedelt werden, verschmelzen die beiden Bäume wohl, wenn es sich um dieselbe Art handelt. Dann strangulieren sie ihr Opfer gemeinschaftlich, und es kommt sogar vor, dass Würger eine Wurzel zum Nachbarbaum ausstrecken, um diesen ebenfalls in den Schwitzkasten zu nehmen.

In Lateinamerika werden Würgefeigen oft schlicht *matapalos,* also »Baumtöter« genannt. Von allen bösen Bäumen in diesem Buch morden sie auf augenfälligste Weise, deshalb habe ich ihnen dieses schauerliche Anfangskapitel gewidmet. Trotz der bizarren SM-Praktiken, zu denen sie neigen, sind es auch keineswegs Sonderlinge. Bei uns Menschen wird ja oft gesagt, in jedem von uns stecke ein Mörder, bei den Feigen ist es nicht anders: Fast jede kann zum Würger werden, wenn sie als Samen auf einem Baum statt auf dem Boden landet, und diese spezielle Wuchsform wurde bereits bei mehr als der

Hälfte der knapp tausend bekannten Feigenarten beobachtet. Das schließt übrigens nicht nur harmlos wirkende Büropflänzchen wie Gummibaum und Benjamini mit ein, sondern auch den heiligen Buddha- oder Bodhibaum, bei uns schnöde als Pappelfeige bekannt, unter dem der Gründer der großen Friedensreligion erleuchtet wurde.

Als *tree hugger*, also »Baumumarmer«, werden in den USA gerne Menschen bezeichnet, die Bäume lieben und sich für ihren Erhalt einsetzen. Die Würgefeige als pflanzlicher *tree hugger* ist allerdings dazu angetan, einem genau diese Liebe auszutreiben.

Doch – auch das ist wieder wie bei uns Menschen – kein Mörder ist durch und durch schlecht, und Würgefeigen haben auch ihre guten Seiten. Bei heftigen Stürmen zum Beispiel scheint es als Baum gar keine so üble Sache zu sein, ein Stützkorsett aus starren Wurzeln zu tragen. Das zeigte sich jedenfalls bei Untersuchungen in Australien, nachdem ein Zyklon über einen Nationalpark mit subtropischem Urwald hinweggefegt war. Die Bäume, die danach noch standen, waren auffällig oft von großen Würgefeigen befallen. Der Parasit (den manche Biologen nicht so nennen) stabilisiert sie mit seinen säulenartigen Wurzeln und ringsum verankerten Ausläufern, die sich wie die Spannseile eines Zelts verhalten. Selbst dass er seinem Wirt in der Krone das Licht klaut, hat bei heftigem Wind Vorteile, weil dieser so schlechter in etwaige Lücken greifen kann.

Auch der britische Biologe Mike Shanahan, der jüngst ein sehr lesenswertes (und bisher leider nur auf Englisch erhältliches) Buch über Feigen geschrieben hat, nennt Würgefeigen ausdrücklich »Bäume des Lebens, nicht des Todes«. Er weist darauf hin, dass sie trotz ihres schlechten Rufs immerhin rund 1200 verschiedene Arten von Vögeln und Säugetieren mit ihren Früchten versorgen, und zwar selbst dann, wenn alle anderen Baumbuffets gerade saisonbedingt geschlossen haben. Das lockt all diese Tiere in die verschiedensten Bereiche des Urwalds, wo sie nicht nur die verhängnisvollen Samen des Würgers, sondern auch die anderer Bäume verbreiten. So, sagt Shanahan, können Würgefeigen geschädigte Gebiete des Regenwalds erneuern helfen und ihnen ihre alte Vielfalt wiedergeben.

Bei Projekten in Costa Rica und Ruanda werden als Ableger in den Boden gepflanzte Feigenäste sogar als »Magneten für Biodiversität« eingesetzt. Auf noch erstaunlichere Weise wird jedoch eine als Würger bekannte Feigenart in Indien verwendet, und das schon seit Jahrhunderten. Im Nordosten des Landes liegen die Khasi-Berge, wo zwölf Meter Regen im Jahr fallen und der Monsun die steilen Bäche jeden Sommer in reißende Ströme verwandelt, die viele Stellen des dichten Bergwalds unpassierbar machen. Verirrt man sich als Tourist hierher, trifft man auf eigenartige Brücken, die ganz aus gewundenen Stämmen und Wurzeln bestehen. Das Ganze wirkt noch unheimlicher und märchenhafter als der hohle Baum, in den meine Freunde und ich uns damals auf Bali gestellt haben. So als hätten die Bäume am Ufer den Menschen diese Brücken mit Absicht wachsen lassen – mit Geländern, Querstreben und allem Drum und Dran!

Ganz so märchenhaft ist es nicht, aber fast: Die Einheimischen leiten die Würgearme am Rand stehender Gummibäume entlang von Palmstämmen über den Abgrund und verknüpfen die abgehenden Wurzeln nach und nach zu den lebendigen Bauwerken. Bis alles fest verwachsen ist, können drei Jahrzehnte vergehen, doch die Brücken rosten nicht, kosten nichts und halten besser als welche aus Bambus. Die längste ist 50 Meter lang, und die älteste bietet Menschen bereits seit 500 Jahren sicheres Geleit über die Fluten.

2 Das wahre Gesicht der Walnuss

Der Schatten eines Walnussbaums ist Gift für alle Pflanzen in seinem Umkreis.
Plinius der Ältere

Der Baum ist ein anderer, aber der Geruch ist der gleiche. Ich bin abends nach dem Sport in meiner alten Wohngegend vorbeigefahren, die von einer langen Grünanlage durchzogen ist. Gleich am Anfang des unteren Teils der Anlage, praktisch direkt vor dem großen Mietshaus, in dem ich aufgewachsen bin, steht ein kleiner Walnussbaum. Früher stand hier ein großes Exemplar, mit runder, durch die fehlende Konkurrenz im Park in die Breite gegangener Krone. Natürlich bin ich erst mal verwirrt, aber später werde ich im Internet den Grund für die wundersame Verjüngung herausfinden: Der alte Baum war mit 70 Jahren krank geworden und musste gefällt werden. Dank der Spende netter Anwohner wurde er direkt durch einen neuen ersetzt.

Trotz des dürren Stamms und der mickrigen Krone hängen schon ein paar dicke grüne Kugeln zwischen den Blättern. Es ist erst Anfang September, und bis sie richtig reif sind, dauert es noch ein paar Wochen. Trotzdem verströmen sie beim

Anritzen mit dem Daumen schon ihren typischen Duft, der mich sofort wieder in alte Tage versetzt.

Im Herbst zog meine Großmutter immer vor allen anderen mit einer Plastiktüte los, um die herabgefallenen Walnüsse aufzusammeln und köstlichen Nusskuchen daraus zu machen. Im Sommer ruhten wir uns im Schatten des Baums aus und stellten dort unsere Limoflaschen ab, wenn wir Fußball spielten. Und einmal saß ich mit einem Mädchen aus der Nachbarschaft, in das ich furchtbar verschossen war, oben in den Ästen.

Ich pule die Hülle weiter auf, um noch mehr von dem Duft einzusaugen. Gleichzeitig spüre ich den klebrigen Saft an den Fingern und glaube in der Dämmerung zu sehen, wie sie sich dunkel verfärben. Automatisch senke ich den Blick auf den Boden, wo schon etwas Laub liegt, und suche nach kahlen Stellen im Rasen.

Wissen ist etwas Wunderbares, aber manches kann es einem auch verderben. Nicht dass das bei meinen gleichsam in Bernstein gehüllten, vom goldenen Schimmer der Nostalgie umflorten Erinnerungen an jene Zeit wirklich möglich ist.

Doch einen kleinen Knacks haben sie schon bekommen, seit ich das wahre Gesicht der Walnuss kenne.

Würde man eine Straßenumfrage dazu machen, wer die Herbizide erfunden hat, würde bei vielen die Antwort vermutlich lauten: »Der Mensch, natürlich – die alte Umweltsau!« Tatsächlich aber haben die Pflanzen selbst diese chemischen Pflanzengifte erfunden und setzen sie und ähnliche Substanzen seit Urzeiten gegen ihresgleichen ein. Eine besonders berüchtigte, raffinierte und unbarmherzige Giftmörderin ist dabei, so ungern ich das sage, die Gemeine Walnuss.

Dass mit Walnüssen nicht gut Kirschen essen ist, wusste man schon in der Antike, wie das vorangestellte Zitat belegt. Man merkte, dass in der Nähe des Baums, den nach der Eiszeit erst orientalische Händler und dann die Römer wieder in Europa einführten, viele andere Pflanzen nicht gut gediehen. Zu nah bei Walnüssen gepflanzte Eichen gingen ein, Weinreben wollten nicht wachsen, ganze Ackerränder wurden unfruchtbar. Obwohl der im 1. Jahrhundert lebende Gelehrte Plinius bereits von Gift sprach, dachte man lange, das breite Wurzelwerk und der dichte Schatten der Bäume seien verantwortlich. Der Schatten galt als so »schwer«, dass selbst Menschen davon abgeraten wurde, ein Nickerchen unter einer Walnuss zu machen, weil sie dann mit furchtbaren Kopfschmerzen aufwachen würden. In Italien bekam das Gewächs den Ruf eines »Hexenbaums«.

Dass kein Hexenwerk, sondern Chemie im Spiel ist, schält sich erst in neuerer Zeit heraus. Früh vermutet ein britischer Gartenguru, dass es weniger der Schatten als der von den Blättern tropfende Regen sein könnte, der anderen Pflanzen schadet. In Frankreich gelangt die »verfluchte Walnuss« sogar zu literarischem Ruhm, als in Stendhals Roman *Rot und Schwarz* ein Geizhals darüber klagt, wie viel Weizen ihn der schlechte Einfluss des Baums kostet. Auf den jungen Apfelplantagen der USA richtet die auch als Schwarznuss bekannte Schwarze Walnuss wahre Massaker an, lässt alle Bäume im Umkreis von 25 Metern absterben und vergällt dem Vieh das Grasen. Als ein Obstbauer jedoch spekuliert, dass die Wurzeln »irgendwie giftig« sind oder die Blätter »bittres Zeug enthalten, das den Boden krank macht«, wird er von seinen Kollegen ausgelacht.

Ein Baum, der andere Bäume vergiftet und sogar den Boden verseucht? Für uns, die wir uns angewöhnt haben, Bäume als Inbegriff des Guten, Wehrlosen und Schützenswerten zu sehen, klingt das vielleicht noch absurder als für die Ohren jener Zeit. Wir Menschen bemühen uns ja inzwischen, Bäume vor übermäßigen Einträgen von Pestiziden und Nitraten in den Boden zu schützen. Da sollen sie selbst sozusagen an dem Ast sägen, auf dem sie sitzen? Das klingt doch in der Tat ein bisschen lächerlich.

Als in den 1920er-Jahren die ersten Experimente zu dem Thema stattfinden, lacht jedoch plötzlich niemand mehr. Es zeigt sich, dass die Wurzeln von Tomatenpflanzen innerhalb von nur 48 Stunden welken, wenn man sie in mit Walnussrinde versetztem Wasser aufzieht. Untersuchungen zu Apfelbäumen ergeben, dass die Todeszone um Walnüsse zwar nicht so groß ist wie von Obstbauern vermutet, aber definitiv existiert. Auch Extrakte aus den grünen Fruchthüllen und Wurzeln des Baums führen ein schnelles Ende herbei, wenn man sie in Tomaten- und Kartoffelpflanzen injiziert.

Als schließlich die *New York Times* über die beunruhigenden Erkenntnisse berichtet, gehen die Walnussfarmer auf die Barrikaden. Tatsächlich wird es eine Weile um die angeblich »nicht greifbaren« Baumgifte ruhig. Doch Anfang der 50er-Jahre weist ein deutscher Chemiker nach, dass die bereits identifizierte Verursachersubstanz auch in den Blättern der Walnuss vorhanden ist und – wie immer geahnt – durch den Regen ausgewaschen wird.

Der Name des schuldigen Stoffes: Juglon.

Googelt man »Juglon« und stöbert ein bisschen, stößt man schnell auf Seiten, auf denen seriöse Forstwirte – wie etwa von der Iowa State University – von »Mörderbäumen« sprechen. Auch in deutschen Zeitungen und Wissensmagazinen ist in dem Zusammenhang gerne von »chemischer Kriegsführung«, »K.-o.-Tropfen« oder, besonders fantasievoll, »Geburtenkontrolle unterm Walnussbaum« die Rede.

Obwohl man Juglon inzwischen noch anderes zutraut, wird es traditionell zu den sekundären Pflanzenstoffen gezählt. Diese Stoffwechselprodukte werden nicht wie Zucker oder Eiweiße für primäre Aufgaben wie Energieversorgung und Wachstum genutzt, sondern haben spezielle Funktionen und werden in geringeren Mengen produziert. So sorgen sie zum Beispiel für die verlockenden Farben, Düfte und Aromen von Pflanzen und ihren Früchten. Doch als Abwehrstoffe wie Nikotin in Tabakpflanzen oder Atropin in Tollkirschen dienen sie auch weniger freundlichen Zwecken.

Wie alle Sekundärstoffe wird Juglon in speziellen Zellen hergestellt, die dafür winzige Chemieküchen namens Plastiden nutzen. Es wird vor allem in den Wurzeln und Fruchthüllen zusammengebraut, ist aber auch in Blättern, Rinde und Walnussschalen vorhanden. (In den essbaren Kernen, denen das Interesse meiner Großmutter galt, findet sich zum Glück keine Spur.) Zum Herbst steigt der Gehalt teilweise noch an, und bei jedem Regenguss wird der Stoff aus den Blättern gewaschen und tropft unter der Krone zu Boden. Auch die Wurzeln sondern Juglon ab, und fallen schließlich Blätter und aufgeplatzte Hüllen vom Baum, gelangt durch ihre allmähliche Zersetzung noch mehr davon ins Erdreich.

Das Raffinierte dabei: Wie üblich, wenn Pflanzen gefährliche »Chemiewaffen« produzieren, lagert die Walnuss bei sich selbst nur eine harmlose Vorform ein, die erst durch den Kontakt mit Erde und Luft in die schädliche Form übergeht. Giftig wird der Schatten der Walnuss also erst, wenn das Juglon vom Baum in den Boden um ihn dringt.

Zu den Bäumen, die empfindlich auf den Stoff reagieren, gehören neben Äpfeln und Birnen auch Birken, Linden, Erlen, Eiben, Fichten und Kiefern sowie eine lange Liste anderer Todeskandidaten. Bei manchen genügen schon kleinste Mengen im Substrat, um junge Keimlinge zu töten, und oft wird bereits das Keimen der Samen selbst gehemmt. Doch auch bei erwachsenen Bäumen verkümmern die Wurzeln, der Wuchs wird krumm und die Blätter verdorren. Es dauert vielleicht Jahre, aber abhängig von Bodenqualität und anderen Faktoren kann das Gift selbst über weite Entfernungen wirken. Verzweifelte Baumbesitzer suchen nach Misteln in den Zweigen, Borkenkäfern im Stamm oder gar einem heimlich eingeschlagenen Nagel. In Wirklichkeit ist es ein Mitglied des eigenen Baumbestands, das unbemerkt sein Unwesen treibt. Wie die böse Stiefmutter in Grimms Märchen oder die in Hollywood so beliebten Satansbraten vergiftet es still und leise die Rivalen.

Beim Gemüse sind es neben den extrem empfindlichen Tomaten besonders Kohl, Kartoffel, Spargel, Rhabarber und Aubergine, die das Walnussgift nicht vertragen. Auch Blau- und Brombeersträucher leiden, bei den Feldpflanzen Klee, Luzerne und Tabak, und von den Blumen einzelne Vertreter der Krokusse, Chrysanthemen und Narzissen. Die Liste ist bei Weitem nicht vollständig und unterscheidet sich je nach Quelle, die man zurate zieht. Bevor die Gärtner unter den

Giftmischer mit tödlichem »Schatten«: Andere Pflanzen haben im Herrschaftsgebiet der Walnuss wenig Chancen.

Lesern in Panik geraten, sollte ich auch sagen, dass viele Studien und Erfahrungen sich auf die amerikanische Schwarznuss beziehen, die von allen Walnussarten mit Abstand das meiste Juglon produziert. Entsprechend drastisch fallen die Empfehlungen der dortigen Gartenbauinstitute aus: Zu Sicherheitsabständen von über 20 Metern wird geraten, der sorgfältigen Entfernung von Fruchthüllen und Blättern sowie dem Anlegen von erhöhten Rabatten, in die die giftigen Wurzeln nicht dringen können. Auf deutschen Ratgeberseiten hört sich das alles nicht ganz so nach der *Der Feind in meinem Beet* an. Doch auch hier rät man zur Einzelstellung und robusten Bodendeckern wie Efeu und Storchschnabel.

Wie Juglon genau wirkt und ob es allein wirkt, weiß man nicht genau. Manche Forschende klagen, der Effekt sei im Feld längst nicht ausreichend untersucht. Dass etwas vor sich geht, bezweifelt jedoch niemand. Im Labor wurde nachgewiesen, dass Juglon in die Atmung, den Wassertransport und die Fotosynthese von Pflanzen eingreift. Außerdem könnte es Zellen töten, Zellzyklen unterbrechen, die DNA verändern, Enzyme hemmen, Ionenkanäle blockieren und einiges mehr. Auch für verschiedene Pilze und Insekten ist der Stoff giftig, und im Süden der USA wurden unreife Walnusshüllen wohl traditionell verwendet, um Fische zu betäuben und aus Zuchtteichen zu keschern.

Als Färbemittel wurde Juglon ebenfalls eingesetzt, und tatsächlich legt sich der dunkle Schatten der Walnuss auch auf die eigenen Finger – etwa wenn man wie ich auf der Suche nach der verlorenen Zeit an der grünen Schale pult. Der aromatische Stoff, bei dem es sich um ein Phenol aus der Familie der Naphthochinone handelt, ist nicht nur für den unvergleichlichen Duft verantwortlich, der dabei ausströmt. Er ist es auch, der bei Kontakt mit der Luft erst gelb und orange und dann braun und schwarz wird. Und den man nach ausgiebigem Walnussschälen unmöglich wieder von der Haut bekommt!

Außer vielleicht für Kinder im Daumenlutschalter scheint das nicht gefährlich zu sein. Zwar ist in manchen Beschreibungen zu lesen, Juglon sei so giftig für Menschen wie Blausäure und könne schon in kleinen Mengen zu Bewusstlosigkeit und Tod führen. Doch normaler Kontakt mit Hüllen und Blättern soll außer für Allergiker selbst im Fall der potenteren amerikanischen Schwarznuss kein Problem sein.

In Deutschland wird im Zusammenhang mit Juglon vor allzu vollmundigen Versprechen selbst ernannter Naturheiler gewarnt, die der grünen Schale und den Blättern zweifelhafte Wunderkräfte andichten. Noch größere Sorge als den so zugezogenen Bauchschmerzen gilt allerdings dem gefährlichen Nervengift, das bestimmte Pilze bilden, wenn sie Hüllen und Nüsse mit schwarzen Flecken übersäen. Bei dem jungen Baum in meinem alten Viertel war das leider bereits so, sodass ich wohl auch später im Herbst auf die heilsame Wirkung der Walnusskerne auf mein Hirn verzichten muss, die sie laut mittelalterlicher Signaturenlehre allein schon durch ihre Form verraten.

Wobei ich mich inzwischen sowieso frage, ob sie nicht eher für die listige und kaltblütige Art stehen, mit der der Baum, an dem sie wachsen, andere Bäume um die Ecke bringt.

Das Fachwort für diese besondere Form pflanzlicher List lautet Allelopathie. Der Begriff wurde 1937 von einem österreichischen Botaniker geprägt, und obwohl er ihn damals wahrscheinlich gar nicht so negativ meinte, wird er heute meistens mit »sich gegenseitig Leid zufügen« übersetzt. Walnüsse und ihre Juglone, die nach dem lateinischen Namen der Bäume benannt sind, gelten als Paradebeispiel für diesen fiesen Pflanzentrick. Doch sie sind beileibe nicht die einzigen Gewächse, die sich als heimliche Umweltvergifter betätigen.

Während zum Beispiel das nach der Chinasäure benannte Naphthochinon, bei dem es sich um Juglon chemisch handelt, Walnüssen im Herbst ihre leuchtend gelbe Farbe verleiht, sorgt in den Blättern von Ahornbäumen ein anderer sekundärer Pflanzenstoff für prachtvolles Rot. Auch der ist, Sie ahnen es vielleicht schon, nicht nur dafür da, uns nach den schönen Tagen des Sommers mit dem Herbst zu versöhnen. Auf Salatblätter hat der Stoff eine ähnliche Wirkung wie eine ganze Schneckenarmee, und auch bei ihm handelt es sich wohl um eine sogenannte Allelochemikalie, mit dem der Baum jeden Herbst seine persönliche Komfortzone sichert. Kastanien scheinen ebenfalls zu den chemiebewehrten Soziopathen zu zählen, und wenn ich Ihnen jetzt schon Ihren nächsten Neuengland-Trip verdorben habe, dann warten Sie, welcher weitere Blätterfahrstuhl Sie tief in arboreale Abgründe führt. Auch die Apfelbäume, die am Anfang des Kapitels noch wie die Unschuld vom Lande wirkten, sind wohl notorische Allelopathen. Ähnlich wie Nadelbäume sowie diverse weitere Gewächse von der Gurke bis zum Waldmeister sind sie für viele andere Pflanzen im Umkreis Gift.

Apfelbäume sind dafür bekannt, dass sie bei der Sicherung ihres Reichs – fast wie in einem antiken Drama – nicht mal vor ihrem eigenen Nachwuchs haltmachen. Bei den Walnüssen könnte es ähnlich sein: Zwar wandeln sie ihr eigenes Juglon wohl schnell wieder in den ungefährlichen Vorläuferstoff um, wenn sie es aus der Erde aufnehmen. Doch junge Walnusspflänzchen scheinen das Gift weniger gut abzukönnen, und es gibt Aussagen, wonach unter dem Blätterdach der Walnuss selbst deren eigene Saat nicht gedeiht. Auch von Walnussplantagen ist bekannt, dass neue Bäume an den Standorten alter nicht gut wachsen. Obwohl sie es einst als rufschädigendes Hirngespinst abtaten, sprechen Walnussfarmer dann plötzlich selbst von »krankem Boden«. Fällen Gartenbesitzer eine Walnuss, wird ihnen mehr oder weniger eine Bodensanierung empfohlen: Da Stumpf und Wurzeln auch beim Zerfall noch Juglon absondern, sollen sie möglichst viel davon entfernen. Sonst kann der Baum auch Jahre nach seinem Tod noch seinen giftigen Schatten werfen.

Doch wo so viel Schatten, da ist auch Licht, und wie immer bei Giften zählen vor allem Dosis und Anwendung. Wenn Juglon schon wie ein Herbizid wirkt, liegt es natürlich nahe, es auch so einzusetzen. Dazu wird bereits geforscht, und bei einem Versuch erwies sich der Stoff zum Beispiel als wirksamer Wachstumshemmer von Wildkräutern wie Ackersenf, Klatschmohn und Taubnessel, die sich oft ungehemmt zwischen Weizen und Gerste ausbreiten. Das Getreide selbst blieb verschont, und generell wird bei solchen natürlichen »Pestiziden« oft als Vorteil gesehen, dass sie sich gezielter einsetzen lassen als synthetische Breitbandstoffe. Gleichzeitig werden sie von der Natur schnell wieder abgebaut – zumindest in gesunden, mikrobenreichen Böden, in denen es genug an sie gewöhnte Verwerter gibt. Auch der Einsatz von Juglon gegen andere Schädlinge und sogar gegen die Überträger gefährlicher Krankheiten wie Bilharziose und Denguefieber wird untersucht.

Ob das berühmte Baumgift ein Thema war, als die große Walnuss aus meiner Kindheit ersetzt wurde, weiß ich nicht. Aber sofort wieder eingegangen ist der Nachfolger ja nicht, und bis auf das Problem mit dem Pilz, das nicht ungewöhnlich bei Walnüssen ist, scheint er sich gut zu entwickeln. Wie ich inzwischen erfahren habe, sind die meisten Gräser immun gegen den Stoff, also muss man sich auch in der Hinsicht keine Sorgen machen.

Natürlich hätte ich es schön gefunden, den alten Baum noch mal wiederzusehen. Vielleicht hätte ich sogar versucht, in seine Äste zu klettern. Oder die besondere Rolle, die er in mancher Erinnerung spielt, auf andere Weise wieder lebendig werden zu lassen.

Selbst jetzt, wo ich sein wahres Gesicht kenne, wäre es mir lieber, er hätte stehen bleiben können.

3 Die Killerbrigade der Akazie

Giraffen gehören sicher zu den seltsamsten Geschöpfen, die es im afrikanischen Busch zu bewundern gibt. Die paar Mal, als ich sie in freier Wildbahn gesehen habe, konnte ich mich nie entscheiden, ob ich sie besonders elegant oder eher ungelenk finden soll. Auf den ersten Blick wirkten sie auf mich immer wie zu schnell gewachsene Teenager. Auch ihr auffälliges Fell scheint ja auf diese modisch schwierige Phase hinzudeuten, ebenso der sanfte, stets etwas weggespaced wirkende Blick. Fangen sie dann aber an zu laufen und wiegen rhythmisch ihren langen Hals, haben sie etwas von Models auf dem Laufsteg – egal ob Kuh oder Bulle – und scheinen sich ihrer aparten Wirkung auch durchaus bewusst.

Es gibt mehrere Theorien, warum Giraffen einen so langen Hals haben. Eine hat mit dem Paarungskampf der Giraffenbullen zu tun. Bei diesem bekommt das englische Wort *necking*, das eigentlich Knutschen bedeutet, einen ganz anderen Sinn. Die Männchen benutzen ihren Hals, um mit ihren kurzen Hörnern aufeinander einzuprügeln, und da Länge dabei von Vorteil ist, könnte sich das Merkmal im Laufe der Evolution verstärkt haben. Laut einer anderen These hilft der lange Hals den Tieren in der heißen Savanne, der Sonne weniger Angriffsfläche zu bieten. Auch für eine Art Löwenausguck halten ihn manche Forscher. Andere wieder für einen lebendigen Strohhalm, den die Tiere aufgrund ihrer langen Beine brauchen, um aus Wasserlöchern zu trinken.

Die schlüssigste Erklärung ist für mich jedoch jene, die wahrscheinlich jedem schon gekommen ist, der Giraffen mal beim Fressen zugeschaut hat. Sie vertrat Anfang des 19. Jahrhunderts schon der berühmte französische Biologe Jean Baptiste Lamarck, ebenso wie später Charles Darwin, der bei solchen Sachen ja bekanntermaßen ein ganz gutes Näschen hatte. Der lange Hals, genau wie die staksigen Teenagerstelzen, helfen Giraffen, an ihre Leibspeise zu kommen: die Blätter von Akazienbäumen, die oft viele Meter über dem Boden hängen. Sind Bäume Fahrstühle für Blätter, so sind die langen Beine und der lange Hals von Giraffen Fahrstühle für ihre hungrigen Mäuler, mit denen sie liebend gerne die saftigen Blätter von Akazien von den Zweigen zupfen.

Tatsächlich wird diese Theorie von in Afrika gefundenen Fossilien gestützt. Anscheinend haben Giraffen vor etwa 14 Millionen Jahren auf den Pfeil nach oben gedrückt, als sich viele afrikanische Wälder in die trockenen Steppen zu verwandeln begannen, wie wir sie heute aus Kenia oder Tansania kennen. Während Gazellen und Geparden anfingen, sich in der offenen Graslandschaft zu immer neuen Höchstleistungen in Sachen Geschwindigkeit anzuspornen, mussten die Giraffen immer größer werden, um an das Grün der zunehmend spärlicher verteilten Bäume und Sträucher zu kommen.

Auch auf die Akazien blieb das nicht ohne Wirkung, und Forscher glauben, dass neben anderen Faktoren die ständige Knabberei von Giraffen wesentlich zum markanten Aussehen der Bäume beigetragen hat. Was wäre die 80er-Jahre-Schnulze

Jenseits von Afrika, was wären unzählige Webseiten von Safari-Anbietern ohne die charakteristische Silhouette von Akazien, deren breite flache Krone so perfekt zum weiten Horizont der Serengeti zu passen scheint? Die Bäume wachsen schnell und klappen dann ihre Krone auf wie einen Schirm, weshalb sie im Deutschen oft Schirmakazien genannt werden. So können ihre für trockene Regionen typischen kleinen Blätter schön viel Sonnenlicht aufnehmen. Gleichzeitig recken zumindest kleinere Fressfeinde wie Gazellen und Antilopen vergeblich den Hals danach.

Vor größeren Vegetariern wie Giraffen und Elefanten schützt das allerdings nicht, und während des Wachstums kommen auch andere an das Grün. Allerdings gehören Akazien einer zwar nicht ganz so alten, aber ähnlich großen und erfolgreichen Gruppe von Gewächsen an wie die Feigen aus Kapitel eins. Und wer glaubt, auch bei ihnen könnte es sich nur um harmlose »Fotobäume« handeln, deren einziges Mittel zur Selbstbehauptung ihre pittoreske Wuchsform ist, befindet sich gründlich auf dem Holzweg.

Da sind zum einen die Tannine. Weintrinkern sind die Gerbstoffe von in Holzfässern ausgebauten Bordeaux und anderen guten Tropfen bekannt. Binden sie mit ihrer adstringierenden Wirkung die Eiweiße im Speichel, stellt sich auf der Zunge das (für mich jedenfalls) seltsam angenehme Gefühl ein, gerade an einem alten Traktorreifen geleckt zu haben. Wie die Juglone aus dem letzten Kapitel gehören sie zu den sekundären Pflanzenstoffen und werden von vielen Bäumen in großen Mengen in Blättern, Rinde und Blüten eingelagert. Sie sind so etwas wie eine Standardwaffe im pflanzlichen

Nur ein schöner Fotobaum? Langhalsige Plagegeister wie die Giraffe sind ein Grund, warum Akazien sehr viel mehr sind als das.

Abwehrarsenal und richten sich sowohl gegen die Nachstellungen von großen wie kleinen Pflanzenfressern.

Tannine schmecken bitter, binden die in pflanzlicher Nahrung enthaltenen Eiweiße und hemmen Enzyme, was Verwertung und Verdauung erschwert. Auch Akazien verderben ihren Fressfeinden damit gerne den Appetit, mit zum Teil tödlichen Folgen. In den Jagdreservaten Südafrikas zum Beispiel verendeten jährlich zur Trockenzeit immer wieder Hunderte Kudu-Antilopen. Erst dachte man an eine Seuche, doch schließlich stellte sich heraus, dass die schönen Tiere mit den Schraubhörnern zu viele Akazienblätter gefressen hatten. Anders als in der freien Wildbahn hatten sie in den abgezäunten Reservaten keine Möglichkeit, sich weniger bittere Kost zu suchen.

Besonders tragisch dabei: Werden Akazien angefressen, reagieren sie wortwörtlich so und pumpen noch mehr Tannine in ihre Blätter. Auch hochgiftige Blausäure produzieren viele Arten. Um ihre chemische Abwehr hochzufahren, müssen die Bäume nicht mal selbst angeknabbert werden, sondern nur eine Akazie in der Nähe. Diese verströmt dann über ihre Blätter Ethylen, einen pflanzlichen Botenstoff, der bereits bei der Entdeckung der in Kapitel zwei erwähnten Allelopathie eine Rolle spielte. Ethylen ist das älteste bekannte Pflanzenhormon und sorgt zum Beispiel in Obstschalen dafür, dass manche Früchte andere schneller zum Reifen bringen. Akazien benutzen den Stoff jedoch als Alarmsignal. Nehmen andere Akazien ihn wahr, merken sie, dass Gefahr im Verzug ist, und erhöhen binnen Minuten den Tannin-

gehalt ihrer Blätter. Vom Wind getragen kann die Warnung noch bei Bäumen in 50 Metern Entfernung für spontane Verbitterung sorgen.

Der faszinierende Mechanismus ist eins der beliebtesten Beispiele dafür, wie Pflanzen miteinander kommunizieren. Ganz so weggespaced und unbedarft, wie sie aus der Froschperspektive wirken können, scheinen Giraffen jedoch nicht zu sein. Sie haben aus bitterer Erfahrung gelernt, dass es beim Fressen besser ist, nach einer gewissen Zeit den Standort zu wechseln und sich andere Akazien in den Weiten der Savanne zu suchen. Vermutlich sieht man sie deshalb so oft mit ihrem eleganten Gang von A nach B laufen. Oft machen sie es sich aber noch leichter und tricksen ihre Mahlzeit aus, indem sie einfach gegen die Windrichtung zur nächsten Akazie aufrücken, die von der ganzen Aufregung noch nichts mitbekommen hat.

Doch tödliche Tannine und andere Gifte sind keineswegs die einzige Gemeinheit, die die Bäume im Repertoire haben. Bei einer Fahrt durch den Busch versonnen die Hand nach der vorbeiziehenden Vegetation auszustrecken, ist aus vielen Gründen keine gute Idee. Ein Hauptgrund sind aber die großen Dornen und Stacheln, mit denen hier ein guter Teil der Pflanzenwelt bewehrt ist. Manche von ihnen sind so lang und spitz, dass sie selbst durch dicke Geländereifen stechen.

Abgeleitet vom altgriechischen *ake* sind Akazien sogar nach ihrem stachligen Wesen benannt und heißen übersetzt schlicht »dornige Bäume«. Obwohl wir bei Dornen eher an die gebogenen Spitzen von Rosen denken (bei denen es sich in Wirklichkeit um Stacheln handelt), ähneln die Dornen vieler Akazien mehr langen weißen Stacheln, ungefähr so groß wie Cocktailspieße. Die weiße Farbe ist so auffällig, dass vor Dornen strotzende Sträucher aus der Ferne wirken können, als seien sie mit dem Schnee des Kilimandscharo bedeckt – und anscheinend ist genau das der Sinn der Sache. Forscher glauben, dass das auffällige Weiß eine Form von Aposematismus ist: eine warnende Färbung, wie man sie im Tierreich von giftigen Fröschen, Fischen und Insekten kennt. Von anderen Pflanzen mit aposematisch gefärbten Dornen weiß man, dass mit dem Stich auch wirklich gefährliche Mikroben und Bakterien injiziert werden können. Bei Akazien werden sie dazu noch umso länger, je öfter Tiere an den Bäumen naschen, und am längsten und zahlreichsten dort, wo die hungrigen Mäuler am liebsten fressen.

Das Problem ist nur: Die meisten Tiere scheint das nicht wirklich zu interessieren. Buschböcke und Impalas zupfen einfach die jungen Triebe und Knospen ab, an denen die Dornen noch kurz und weich sind, ähnlich wie bei uns junge Eichen und Buchen verbeißende Rehe. Giraffen spielen abermals ihre Größe aus: Nicht nur Beine und Hals, auch ihre lila Zunge ist spektakulär lang, und sie picken damit so geschickt Blätter von den dornigen Zweigen wie ein Ameisenbär Termiten. Elefanten wiederum, die alten Dickhäuter, stopfen sich die Zweige samt Blättern, Dornen und allem Drum und Dran kurzerhand in den Rachen.

Auch wenn die dornige Verteidigung jetzt so vergeblich wirken mag wie jene, die Goethe einst in seinem brutalen Gedicht vom Heidenröslein besungen hat: Einen Sinn hat sie im Zusammenspiel mit den Tanninen vielleicht doch, nämlich die ständige Entlaubung durch Giraffen und andere Gierschlunde wenigstens ein bisschen zu verzögern. Gleichzeitig legen sich vor allem erwachsene Akazien, die schon ein bisschen wissen, wie es in der rauen Welt der afrikanischen Savanne zugeht, eine noch wirksamere Waffe zu.

Und bei der handelt es sich um: Ameisen.

Selbst wenn nur eine sanfte Brise über die Savanne weht, ist an vielen Stellen ein leises Pfeifen zu hören. Lebt die Brise auf, wird das Geräusch lauter, doch klingt es nicht wie das übliche Pfeifen des Winds, sondern als käme es aus vielen kleinen Mündern. Es ist ein geisterhaftes, unwirkliches Pfeifen, das über die Steppe tönt, und ist man abends allein dort unterwegs, kann es einen durchaus etwas gruseln.

Wer da pfeift, sind Flötenakazien, und ihre mit dem Wind an- und abschwellende Melodie verheißt in der Tat nichts Gutes. *Zieht weiter, ihr hungrigen Sucher der Savanne,* bedeutet sie. *Denn das Mahl, das ihr hier findet, ist nicht nur bitter und dornig!*

Flötenakazie ist der deutsche Trivialname von *Acacia drepanolobium,* heute eigentlich *Vachellia drepanolobium,* seit vor einiger Zeit ihre Position auf dem Baum des Lebens neu justiert wurde und der Gattungsname *Acacia* fast nur noch für australische Akazien gilt. Im Englischen wird sie Pfeifdorn-Akazie genannt und der Gruppe der Schwelldorn-Akazien zugeordnet, was einem auch schnell einleuchtet, wenn man sich ihr – dem gruseligen Pfeifen zum Trotz – ein bisschen nähert. Schwer zu finden ist sie nicht, denn in vielen Gegenden des ostafrikanischen Hochlands bildet sie die dominierende, fast allein vor sich hin pfeifende Spezies.

Ob bei Baum oder Strauch, die geschwollenen Dornen fallen sofort ins Auge. Auf den ersten Blick wirken sie wie dicke dunkle Beeren oder Pflaumen, die jemand überall auf die weißen Stacheln gesteckt hat. Greift man nach einem Zweig und sieht sie sich genauer an, erkennt man jedoch, dass die kugelartigen Verdickungen direkt auf den Zweigen sitzen und die Dornen paarweise daraus hervorwachsen. Auch wirken sie hart, holzig und hohl, wenn man mit dem Finger daran tippt. Viele haben zudem ein kleines rundes Loch.

Lebt jetzt zufällig wieder der Wind auf, hört man das geisterhafte Pfeifen plötzlich ganz nah. Tatsächlich: Die kleinen Löcher sind schuld! Fährt der Wind darüber hinweg, lassen sie den hellen Ton erklingen.

Aber wer hat sie in die geschwollenen Dornen gemacht? Kreative Einheimische, die die Bäume so zu natürlichen Musikinstrumenten umfunktionieren? Vögel, die die Füllung aus den seltsamen Gebilden picken? Und wozu sind diese überhaupt gut?

In dem Moment kommt schon die erste Ameise aus einem der Löcher gekrochen. Sie ist klein, rötlich-schwarz, krabbelt direkt auf die Hand zu, die den Zweig hält, und versetzt ihr einen schmerzhaften Biss. Zugleich reckt sie ihr dickes Hinterteil bis über den Kopf und verströmt einen strengen Geruch.

Noch während der überrascht losgelassene Zweig zurückwippt, folgen andere Ameisen dem Signal. Wie lebendes Pech ergießen sie sich überall aus den Löchern, um ihre grüne Festung zu verteidigen. Bald wimmeln die Zweige von den krabbelnden kleinen Wächtern.

Ist man nicht nur ein dummer Mensch, sondern ein kluger Pflanzenfresser, kennt man das Spiel. Elefanten etwa schnüffeln vor dem Fressen ausgiebig an Akazienzweigen, um anhand der Alarmduftstoffe zu beurteilen, mit wie viel Ge-

genwehr sie rechnen müssen. Vermutlich können sie sogar riechen, mit welcher Sorte Wächter sie es zu tun kriegen. Davon gibt es in Afrika insgesamt vier, von denen die meisten zu den nach ihren erhobenen Hintern benannten Cocktail- oder Akrobatenameisen gehören. Und bei der rot-schwarzen Sorte, die am häufigsten und aggressivsten ist, muss man mit der Mahlzeit eigentlich erst gar nicht anfangen.

Zu Dutzenden und Hunderten krabbeln die Winzlinge dem armen Dickhäuter, der mit seiner Nase essen muss, in und auf den Rüssel und schmieren Gift in ihre Bisse, damit sie noch unangenehmer sind. Elefanten halten das nicht lange aus, selbst Nashörner verlassen bald mit genervtem Schnauben ihren Strauch. Giraffen können sich zwar mit ihrer langen Zunge die aggressiven Miniakrobaten vom Gesicht wischen. Aber besonders jungen Exemplaren verdirbt das rasch den Appetit, und sogar die für ihre wahllose Gefräßigkeit bekannten Ziegen mögen keine von Ameisen gehüteten Akazien. Auch zu den Insekten zählende Schädlinge wie Bockkäfer und Gallmücken hält das baumeigene Schutzheer fern, und generell geht die Forschung davon aus, dass Akazien mit solchen Beschützern deutlich besser wachsen und gedeihen. Vor allem gegen Elefanten, die die Bäume brutal verstümmeln oder ganz umwerfen können, sind wohl ausgerechnet die winzigen Krabbler das einzig wirksame Mittel.

Und was haben die Ameisen davon? Ziemlich viel, denn wie einer Armee von gedungenen Söldnern bietet ihnen die Herrscherin der Savanne Kost und Logis. Wie das enge Verhältnis von Feigen und Wespen in Kapitel eins gilt die Beziehung als Paradebeispiel für tierisch-pflanzliche Symbiosen. Man vermutet, dass die Akazien schon vor mehreren Milli-

Ursache des unheimlichen Pfeifens in der Savanne – sowie Heim unzähliger aggressiver Ameisen: die verdickten Dornen der Flötenakazie.

onen Jahren mitkriegten, dass in hohlen Zweigen und Astlöchern hausende Ameisen ihnen beim Überleben helfen. So bildeten sie mit der Zeit die verdickten Dornen aus, die den kleinen Leibwächtern als Nester dienen, in die sie Löcher als Zugang beißen. Tatsächlich gibt es die Theorie, dass das Pfeifen, das so bei Wind entsteht, wie die auffälligen weißen Dornen eine Art Aposematismus ist, mit dem die Bäume schon von Weitem vor ihren Bewohnern warnen. Zusätzlich zu den als Behausung dienenden Pfeifdornen bieten die Akazien kostenlose Verpflegung in Form von an den Blättern sitzenden Nektardrüsen.

Bei den vier Ameisenarten, die mit der afrikanischen Flötenakazie in Symbiose leben, ist diese unterschiedlich eng, und sie hausen fast nie zusammen auf einem Baum. Im Gegenteil, durch die Rivalität der Völker geht es in der Savanne oft zu wie im Dreißigjährigen Krieg, und die kleinen Söldner überfallen und vertreiben einander, wo sie nur können. Häufig sind feindliche Übernahmen zum Vorteil der Akazie, etwa wenn sie den rot-schwarzen Elefantenschreck als Leibgarde bekommt. Wie Bertolt Brechts berühmte Marketenderin Mutter Courage ist sie auch stets auf ihren Nutzen bedacht, wie im gleichnamigen Stück kann das aber nach hinten losgehen. So bildet sie weniger Hohldornen und Blattnektar für die Wächter, wenn die Bedrohung durch Pflanzenfresser abnimmt. Wie entlassene Soldaten suchen sich die Ameisen dann jedoch ein anderes Auskommen und halten für den Baum schädliche Schildläuse, um ihren Honigtau zu trinken. Eine andere Art wiederum zerstört die Nektardrüsen, um so ihren Baum unattraktiver für feindliche Armeen zu machen. Eine dritte frisst ihrem Wirt sogar Knospen und Triebe ab und stutzt ihn zu einer Art afrikanischem Bonsai zurecht. Der nicht an Ironie arme Grund: Anders als ihre ängstlichen Nachbarn wollen diese Wächter die Akazie möglicherweise zu stärkerer Nektarproduktion anregen. Wie ein Feuerwehrmann, der seine eigenen Brände legt, simulieren sie deshalb die Beweidung durch Pflanzenfresser.

So kann es also passieren, dass die kleinen Bodyguards dem afrikanischen Baum genau den Schaden zufügen, den sie eigentlich verhindern sollen. Einen halben Kontinent und einen kompletten Ozean entfernt, wo er mehrere verblüffend ähnliche Cousins hat, nutzt er die gärtnerischen Talente seiner Bewohner jedoch für ganz andere Zwecke.

Hier, in den tropischen Wäldern Mittel- und Südamerikas, gehen Bäume mit Ameisen einen noch engeren und – es lässt sich nicht anders sagen – teuflischeren Pakt ein. Anders als in der kargen Steppe richtet er sich nicht nur gegen Tiere. Und als Belohnung für das grausame Bündnis bekommen die Bäume ihren eigenen »Teufelsgarten«.

Wenn man sich in den riesigen Urwäldern des Amazonasgebiets verläuft (was man unbedingt vermeiden sollte), kann man auf merkwürdige kleine Lichtungen stoßen. Die tropischen Regenwälder sind ja für ihren enormen Artenreichtum berühmt, doch hier scheint das niemand mitbekommen zu haben. Ein gutes Dutzend identisch aussehender kleiner Bäume steht in dem mit braunem Laub bedeckten Rund, ansonsten wächst dort herzlich wenig.

Der Eindruck, der durch den peinlich genau vom wuchernden Dschungel abgegrenzten Flecken entsteht, ist noch unheimlicher als das Flöten der Akazien in der Savanne. Das empfanden wohl auch viele indigene Völker so, in deren Legenden die seltsamen Lichtungen als Werk eines bösen Waldgeists gelten. Meist wird er mit flammend rotem Haar und nach hinten verdrehten Füßen dargestellt, durch die man ihm direkt in die Arme läuft, wenn man vor seinen Spuren zu fliehen versucht. Auf Portugiesisch heißt er *curupira,* in der Sprache der Quechua *chullachaki,* und allgemein werden die eigentümlichen Monokulturen mitten im Dschungel heute als »Teufelsgärten« bezeichnet.

Wer dieses Buch schön ordentlich von vorne nach hinten liest und als baumliche Verbrecherkartei nimmt, als das es im Grunde dient, kann nun eine schlaue Vermutung anstellen.

Natürlich: Kein teuflischer Waldgeist gärtnert hier, sondern wie die Walnuss in Kapitel zwei vergiften die Bäumchen ihre Umwelt mit allelopathischen Stoffen! Tatsächlich ging auch die Wissenschaft lange von diesem Sachverhalt aus, bis man herausfand, dass in diesem Fall die Bäume ihr Gift auf andere Weise verabreichen. Wie die afrikanische Akazie bilden sie hohle Verdickungen an den Zweigen, um sich eine Privatarmee aus achtbeinigen Söldnern zu halten. Und diese betätigen sich nicht nur als Verteidiger gegen Pflanzenfresser, sondern auch als mit natürlichen Herbiziden bewaffnete Pflanzenkiller.

Teufelsgärten wurden bisher vor allem am westlichen Rand des Amazonasbeckens entdeckt, in den dichten, mit Lianen, Bromelien und Farnen überwachsenen Regenwäldern Brasiliens, Perus und Ecuadors. Oft stehen in ihnen schlanke, höchstens ein paar Meter hohe Bäume aus der Familie der Rötegewächse, die eng mit Kaffeesträuchern, aber nicht näher mit Akazien verwandt sind. Die zum Unterholz zählenden Zeitgenossen gehören eigentlich nicht zu den »Mackern« des Regenwalds und haben sich an ein unauffälliges Leben in deren Schatten gewöhnt. Werden sie von winzigen Zitronenameisen besiedelt, die wohl wegen der von ihnen abgegebenen Duftstoffe so heißen, kann sich das jedoch schnell ändern. Und das obwohl die Bäume ihren Bewohnern zwar längliche Verdickungen an ihren behaarten Blattstängeln als Unterkunft bieten, aber keine Nektar spendenden Drüsen.

Wie die Bodyguards in Afrika verteidigen die Ameisen ihren Baum gegen Käfer, Raupen und andere tierische Schädlinge. Doch sie schwärmen auch in die Umgebung aus und suchen nach weniger beweglichen Bedrohungen. Um ein für alle Mal zu klären, ob ein Geist, allelopathische Stoffe oder andere Gründe für die Teufelsgärten verantwortlich sind, bepflanzten Forscher sie mit jungen Bäumchen aus der örtlichen Flora. Prompt kamen die Ameisen anmarschiert und gingen zum Angriff über. Sie fielen über die Blätter der Eindringlinge her, bissen Löcher hinein und injizierten Ameisensäure. Innerhalb eines Tages bildeten sich braune Stellen im frischen Grün, und die auf dem Altar der Wissenschaft geopferten Setzlinge begannen zu verdorren. Mit regelmäßigen Patrouillen stellen die Winzlinge sicher, dass es allen potenziellen Rivalen ihrer Wirtsbäume so ergeht – und nach und nach entstehen die wie von Geisterhand angelegten Einzelplantagen.

Die Ameisen vergiften nur Pflanzen, die keine Reihenhäuschen für sie anbieten, und lassen sich auch von angeklebten Fertigwohnungen nicht täuschen. Die meisten Teufelsgärten sind klein, doch manche sind auch wahre Teufelsparks, in denen mehr als 300 mit diabolischen Mitteln arbeitende Bäume wachsen. Schätzungen zufolge sind diese Lichtungen über 800 Jahre alt, bieten Wohnraum für ungefähr drei Millionen drei Millimeter große Waldgeister und werden jedes Jahr um knapp ein Prozent größer.

Ein ganzes Stück weiter im Norden, auf der Pazifikseite Costa Ricas, liegt ein großer Streifen tropischer Trockenwald. Dieser wächst unter ähnlichen klimatischen Bedingungen wie in der Savanne, bildet aber trotzdem meist eine geschlossene Waldgesellschaft. Eins ihrer häufigsten Mitglieder ist *Vachellia collinsii*, die jüngst bei der großen Neuordnung der Akazienpflanzen (die seither zwischen australischen und afrikanischen Botanikern für erhebliche Spannungen sorgt) in derselben Gattung wie die Flötenakazie landete. Warum sie so viel mit ihrem afrikanischen Cousin gemein hat, ist eine knifflige Frage. Entstanden ist die Gattung wohl erst, als der große Urkontinent Gondwana schon lange auseinandergebrochen war und Afrika und den amerikanischen Doppelkontinent längst der Atlantik trennte. Deshalb geht die neuste Forschung davon aus, dass die frappierende Ähnlichkeit durch konvergente Evolution, also der gleichartigen Entwicklung unter ähnlichen Bedingungen zustande kam.

Fakt ist, dass der mittelamerikanische Cousin heute aussieht, als hätte man ihn über sehr viele Generationen mit dem Energydrink Red Bull gewässert. Wie bei seinem noch viel näherstehenden Verwandten *Vachellia cornigera,* der vor allem auf der mexikanischen Yucatán-Halbinsel wächst, haben seine paarweise an den Zweigen wachsenden Hohldornen die Form von Stierhörnern. Beide Arten werden deshalb im Englischen oft als Stierhorn-Akazien bezeichnet. Bei den Mayas sollen die hornförmigen Dornen bereits für die mittelamerikanische Spielart der Akupunktur eingesetzt worden sein. Heute fertigen Einheimische daraus gerne hübsche Halsketten und Gürtel für Touristen an.

Die Stierhorn-Akazien bieten ihren Ameisen nicht nur vor Wind und Wetter geschützte Baracken. Wie gepamperte Toreros bekommen die weder Tod noch Teufel fürchtenden Latinos auch noch viele andere Vergünstigungen. Da wären zum einen die an den Blattstielen sitzenden Nektardrüsen, die wir schon aus Afrika kennen. Doch vorne an den kleinen Blättern wachsen zusätzlich an Eiweiß, Fett und Zucker reiche Körner, sogenannte beltsche Körperchen, die die Ameisen zur Versorgung ihrer Brut verwenden. Als Gegenleistung packen sie nicht nur auf den Blättern landende Heuschrecken bei den Hörnern und bekämpfen gefährliche Feinde wie Blattschneideameisen. Wie ihr Gegenstück im Amazonas-Regenwald gehen sie auch massiv gegen die umliegende Vegetation vor.

Die Teufelsgärten, die so im Trockenwald Costa Ricas entstehen, haben mit Gärten nur wenig zu tun. Sie bestehen aus einem großen Kreis kahler Erde, der aussieht, als habe ihn jemand mit der Unkrautfräse gemacht. In der Mitte thront einsam die Akazie, Herrin über ein tödliches, fremde Bäume mit Ameisensäure vergiftendes Heer. Die einzigen anderen Pflanzen, die in der Todeszone wachsen, sind allesamt Nachkommen des Baums im Zentrum. Sie sprießen entweder als Klone aus den Wurzeln der Akazie oder entspringen den kleinen schwarzen Samen, die sie in langen braunen Schoten von ihren Ästen wirft. Allein sie werden von den krabbelnden Schergen verschont.

Womit wir schließlich bei der Frage wären, wer die treibende Kraft in diesem faszinierenden Fall tierisch-pflanzlicher Komplizenschaft ist – also sozusagen der Kopf des verbrecherischen Duos? Sind es die von uns gerne als Inbegriff der Friedfertigkeit betrachteten Bäume? Oder doch die Ameisen, die sich zusammen mit allen anderen Tieren schon vor mehr als 1,5 Milliarden Jahren vom Pflanzenreich abgespalten haben und so uns notorisch kriminellen Menschen wesentlich näherstehen?

Auch hier ist die Antwort knifflig. Gegen die Akazien spricht, wie geschickt sie sich ihre kleinen Helfer untertan machen. So sorgen sie nicht nur mittels spezieller Duftstoffe dafür, dass die Ameisen die Finger von ihrem leckeren Blütenstaub lassen, und machen die beltschen Körperchen an ihren

Blättern ungenießbar für andere Insekten. Wie Forscher herausfanden, mischen sie dem aus ihren Blattdrüsen tretenden Nektar auch ein Enzym bei, das bei jeder neu geschlüpften Ameise dafür sorgt, dass sie nur den in diesem Nektar enthaltenen Zucker gut verdauen kann. Wie ein skrupelloser Dealer, der Teenager anfixt, zwingen die Bäume die jungen Söldner so für immer in ihren Dienst.

Allerdings kann man die Beziehung auch anders deuten. Sicher, mithilfe ihrer kleinen Killer bringen die Bäume es zu friedlichen Privatparks inmitten des Dschungels, wie man sie sich in London oder New York nur mit viel Geld leisten kann. Doch jeder im Teufelsgarten wachsende Wirtsbaum bedeutet auch einen neuen Trump Tower für das auf Wachstum gepolte Ameisenvolk. Und wenn es seine Wohntürme mit einer Art Burggraben aus kahler Erde umgibt, dann möglicherweise vor allem, damit kein anderes Ameisenvolk ihm diese Türme streitig macht.

Schon bei der weiter oben erwähnten Ameisenart, die in Afrika die Zweige ihres eigenen Wirtsbaums stutzt, könnte der wahre Grund gar nicht darin liegen, dass sie durch simulierte Beweidung mehr Nektar für sich herausschlagen möchte. Forschern ist aufgefallen, dass die Ameisen die Knospen für Zweige, Blätter und Blüten vor allem dort an der Krone zerbeißen, wo sie in Richtung einer anderen, von einem fremden Ameisenvolk bewohnten Akazienkrone wächst. Wie Burgherren, die ihre Zugbrücken hochziehen, möchten die Ameisen offenbar verhindern, dass die Zweige der zwei Bäume sich berühren und so das gegnerische Heer leicht einfallen kann. Im Interesse des Wirtsbaums ist das Verhalten bei keiner der beiden Erklärungen: Er bekommt dadurch einen unakazienhaft kompakten, asymmetrischen Wuchs. Zusätzlich wird er durch die Zerstörung der Blütenknospen teilsterilisiert.

Auch bei den Teufelsgärten und kahlen Kreisen in der Neuen Welt vermutet man, dass sie hauptsächlich wegen des unerbittlichen »Game of Thorns« angelegt werden, das die Ameisengeschlechter untereinander spielen. Wenn sie erwachsene Bäume in der Umgebung durch Entlaubung töten, junge Bäumchen erst gar nicht wachsen lassen und sogar zudringliche Lianen und Schlingpflanzen kappen, dann wohl hauptsächlich, um fremden Ameisenvölkern keinen Zugang zu ihrem Reich zu bieten. Das heißt vorrangig zu ihrem eigenen Schutz und nicht zu dem der Bäume. Anders als in Afrika profitieren diese natürlich vom Schutzbedürfnis ihrer Bewohner und können sich besser ausbreiten. Andererseits bieten sie so den Ameisen auch wieder mehr Wohnraum.

Wie bei menschlichen Komplizen scheint ein allzu genaues Auseinanderklamüsern von Motiven und Schuld letztlich schwierig zu sein. Schon vor 150 Jahren waren Charles Darwin und der Botaniker Richard Spruce über diese Frage uneins. Spruce hielt die Ameisen für Parasiten, die die Bäume einfach nur ausnutzen und diesen genauso wenig nützlich seien »wie Flöhe einem Hund«. Darwin glaubte schon damals, dass die beiden zum gegenseitigen Vorteil zusammenarbeiten.

Wie beim Hals der Giraffe bin ich auch hier der Meinung, dass Darwin mal wieder ein ausgezeichnetes Näschen bewies. Aber vielleicht liegt die Wahrheit ja auch dazwischen, und im ewigen, von unzähligen Faktoren bestimmten Fluss der Evolution lässt sich heute nur noch schwer sagen, exakt welche Ursache in genau welche Wirkung mündete.

4 Buchen musste nicht suchen

Nach dem Lichte drängt, am
Lichte hängt doch alles.
Frei nach Goethe

Als junger Teenager hatte ich mehrmals das Glück, die kalte Jahreszeit in Florida zu verbringen. Das ist nicht ganz Costa Rica, aber dort, wo ich war, nämlich an der südlichen Atlantikseite, herrscht ebenfalls tropisches Klima. Das heißt schwüle Hitze und jeden Nachmittag ein Regenguss im Sommer und blauer Himmel bei perfekten Temperaturen im Winter. Deshalb kehren dann auch all die als *snowbirds* bezeichneten Rentner aus dem Norden wieder in ihre Häuschen, Apartments und anderen vorübergehenden Nester dort zurück. Ist man als Junge gerne viel draußen und im Wasser, ist es das Paradies auf Erden (auch wenn in der zweiten Jahreshälfte erst die Sturmsaison ihren Höhepunkt hat und bald darauf die Haisaison beginnt). Das Einzige, was ich während der aufregenden Zeit schon damals ein- oder zweimal ganz kurz vermisst habe, war etwas, das sich dort praktisch nur in Form von plötzlich in Vorgärten und Schaufenstern auftauchenden Kürbisfratzen äußert: der Herbst.

In meiner Kindheit, als es noch keine Laubbläser gab, bin ich natürlich im hohen Bogen in zusammengerechte Blätterhaufen gesprungen (die ehrlich gesagt ganz schön nass und eklig sein konnten). Ich habe wie alle Kinder meiner Generation Männchen aus Eicheln und Streichhölzern gebastelt und die Konturen von bunten Blättern mit ebensolchen Stiften nachgemalt. Als hätte meine Lieblingsrunde in dem kleinen Taunustal, in dem ich immer joggen gehe, nur darauf gewartet, dass ich aus den tropischen Gefilden des letzten Kapitels zurückkehre, hat sie mich beim Beginnen von diesem in den prächtigsten Farben empfangen. Anfang November, da konnte früher schon der erste Schnee liegen. Doch jetzt leuchtete es noch überall gelb und rot an den Zweigen, vorm dunklen Grün der Fichten hing heller Dunst, und zugleich war auch der Boden schon von köstlich duftendem Laub bedeckt. Es war Herbst, der wunderbare Herbst! Hätte es mich nach den schönen Ausflügen der Jugend für immer in Äquatornähe verschlagen, er hätte mir wohl mein Leben lang gefehlt.

Was mir jetzt allerdings auffiel, war, dass der schmale Forstweg, auf dem ich lief, tatsächlich fast ausschließlich von rotem Buchenlaub bedeckt war. Auch im Wald lag überall der vertraute, noch hier und da gelb gesprenkelte Teppich, und nur an ein paar Stellen der Strecke stieß ich mal auf ein paar Eichen-, Ahorn- oder Kastanienblätter. Schon nachdem ich mich im Sommer beim Schreiben des Vorworts an den Spruch von Bäumen als »Blätterfahrstühlen« erinnert hatte, waren mir am Wegrand überall die hoch in den Himmel schießenden Stämme der Buchen aufgefallen. So gerade und zielbewusst schienen sie aufwärts zu streben, dass man fast das Gefühl hatte, ihnen beim Wachsen zusehen zu können. Jetzt im Herbst gefiel mir der graue Stamm der Bäume eigentlich immer besonders gut. Durch die herablaufende Feuchtigkeit schimmerte er dann dunkel zwischen den leuchtenden Farben – so lebendig und glatt, dass es mich stets irgendwie an das Fell eines frisch aus dem Wasser geschlüpften Seehunds erinnerte.

Während mein Blick aber nun über die allgegenwärtige rote Flut aus Laub schweifte, die gewissermaßen das Ergebnis des streberhaften Wachstums der Buchen war, kamen mir weniger freundliche Gedanken.

Ja, dachte ich, *von allen, die in Deutschland leben, sind sie wirklich die erfolgreichsten Killerbäume.*

Von sämtlichen Bäumen, die in deutschen Wäldern wachsen, sind rund 15 Prozent Buchen. Vor der Eiche, die es immerhin auf 10 Prozent bringt, der Birke, die knapp 5 Prozent der Waldfläche einnimmt, sowie anderen oft vorkommenden Arten wie Erle, Ahorn oder Linde ist die Buche damit der häufigste Laubbaum in Deutschland überhaupt. Würde man der Natur freien Lauf lassen, also sowohl die Landwirtschaft, die Forstwirtschaft als auch alle anderen Eingriffe in die Umwelt von heute auf morgen verbieten, sähe es noch mal ganz anders aus. Dann, so steht es zumindest in der Zusammenfassung der jüngsten Bundeswaldinventur, würden Buchen nach und nach drei Viertel, also 75 Prozent der deutschen Waldfläche bedecken. »Von Natur aus«, heißt es in dem Bericht, »ist Deutschland ein Buchenland.«

Dafür, dass es sich nicht nur das Verschwinden aller menschlichen Eingriffe, sondern der Menschheit als Ganzes en détail ausmalt, war *Die Welt ohne uns* vor einiger Zeit ein erstaunlich erfolgreiches Buch. Wie »Der Wald ohne uns« in Europa aussehen würde, kann man in den alten Buchenwäldern und Buchenurwäldern des Kontinents besichtigen, von denen in den letzten Jahren immer mehr ins Weltnaturerbe der UNESCO aufgenommen wurden. Als Beispiele ursprünglicher europäischer Natur gelten sie damit als genauso wertvoll wie die Savannen in Afrika oder die Regenwälder in Südamerika, von denen ebenfalls Teile zum Welterbe gehören. Auch mit anderen berühmten Naturschätzen wie dem Yellowstone-Park, den Galapagosinseln und dem Great Barrier Reef stehen sie seit der Aufnahme auf einer Stufe.

Eins dieser besonderen Buchenwaldgebiete liegt nicht weit von meiner Heimatstadt Wiesbaden, im Nationalpark Kellerwald-Edersee. Ich gebe zu: Bis zur Recherche für dieses Buch war mir der zu einem kleinen hessischen Mittelgebirge gehörende Flecken vor allem aus einem anderen Grund bekannt. Um die heimische Fauna zu bereichern, wurden dort 1934 vier Waschbären ausgesetzt, die sich bis heute auf fast anderthalb Millionen Exemplare vermehrt haben und immer mehr in Deutschland ausbreiten. Doch eigentlich passt dieses Beispiel für sogenannte invasive Arten, die fern der Heimat neue Gebiete erobern und dabei leider auch heimische Arten verdrängen, gar nicht so schlecht: Vor rund 10.000 Jahren haben es die Vorfahren der alten Buchen, auf denen die Waschbären im Kellerwald tagsüber schlummern, nämlich im Grunde nicht anders gemacht.

Damals war gerade die letzte Eiszeit vorbei und Bäume und andere Pflanzen begannen wieder, Europa vom Süden her zu besiedeln. Die Gletscher zogen sich von den Bergen und Nordrändern des Kontinents zurück, und karge Steppen und kahle Hänge erblühten in neuem Grün. Erst kamen Pionierbäume wie Birken und Kiefern und schickten ihre leichten Flugsamen voraus. Auch Ahorne, Eschen und Fichten arbeiteten sich allmählich voran, und dann vor allem Eichen, die gut mit den immer wärmeren Sommern, aber nach wie vor eiskalten Wintern zurechtkamen. Als das Klima ausgeglichener wurde, folgten jedoch die Buchen, und mit dem von Eichen beherrschten Mischwald war es bald vorbei.

Wie kleine grüne Steinchen bei dem kriegerischen Brettspiel *Risiko* besetzten die Eroberer immer größere Teile von Europas Mitte und Westen. Bis ins südliche Skandinavien drangen sie vor und machten schließlich sogar über den Ärmelkanal auf die Britischen Inseln rüber. Wirklich in Schwung kam ihr Siegeszug nördlich der Alpen erst spät. Doch als die Römer ihm bis ins wilde Germanien folgten, war dort schon längst alles von endlosen Buchenwäldern bewachsen, deren dichtes Blätterdach kaum Licht auf die von Laub bedeckte Erde ließ. Wie in den düsteren Hallen des germanischen Göttervaters Odin selbst müssen sich die Legionäre gefühlt haben, während sie durch die säulenartigen Stämme marschierten. Vom feuchten Boden, in den aufgrund der trichterförmigen Krone und glatten Rinde der Buchen viel Regen gelangt, schien vielleicht sogar der würzige Duft von Bier und Met im waldigen Walhalla aufzusteigen.

Bei so viel Buchenwald ist es kein Wunder, dass die darin hausenden »Barbaren« ihn für alles Mögliche nutzten. So vermutet man zum Beispiel, dass sie aus dem leicht spaltbaren Holz der Bäume zusammengebundene, mit Runen beschriftete Lesetafeln machten. Ebenso ritzten sie die Schriftzeichen wohl in Buchenstäbe, um damit die Zukunft vorherzusagen.

Buchen, nichts als Buchen: Viel anderes wächst in einem astreinen Hallenwald des erfolgreichen europäischen Eroberers nicht.

Laut einer beliebten, jedoch umstrittenen Theorie könnte so aus der Buche sowohl das deutsche Wort für »Buch« als auch für »Buchstabe« entstanden sein.

Im Kellerwald kann man zum Teil noch durch ähnlichen Buchenwald stapfen, wie er zu jener Zeit herrschte. Kein anderer Baum wächst hier, und im Herbst breitet sich ein noch dickerer roter Teppich über die von Bächen zerteilten Hügel als in meinem kleinen Taunustal. Je älter so ein reiner Buchenbestand wird, umso mehr Wildkatzen, Spechte, Käfer und andere Tiere fühlen sich offenbar darin wohl. Was Pflanzen angeht, gilt er jedoch als »artenarm«. Oft wachsen nur anspruchslose Gräser wie Hainsimse oder Drahtschmiele auf dem Boden. Nach dem Winter strecken sogenannte Geophyten wie Buschwindröschen und Leberblümchen kurz die Köpfe hervor, um dann für den Rest des Jahres wieder in der Erde zu verschwinden. Spät, doch dafür umso dichter schließt sich das grüne Dach der Buchen und taucht einmal mehr alles in tiefen teutonischen Schatten.

Was Bäume angeht, können höchstens Eichen und die nicht verwandte Hainbuche an sehr feuchten oder trockenen Standorten mit der Buche konkurrieren. Ulme, Linde und Ahorn haben im Kellerwald von sich aus keine Chance; einzig vielleicht dort, wo vom Frost aus dem Fels gesprengte Blockhalden die wie eine römische »Schildkröte« geschlossene Buchenformation durchbrechen. Auch an den Steilhängen des Flusses Eder, aus dem sich der gleichnamige Stausee speist, ist der Kampf etwas offener. Zugleich kann man hier, wo kein Bauer oder Förster je wirtschaftete, die ältesten Buchenexem-

plare des Kellerwalds bewundern. Aus Reih und Glied entlassen, wachsen sie in alle Richtungen und lassen die hölzernen Ellbogen fliegen wie Floridas Rentner beim Salsa-Kurs in Miami. Mit 260 Jahren kratzen sie am normalen Höchstalter der Buchen und sterben erst an Altersschwäche, wenn ein Sturm oder Pilze wie Buchenschleimrübling und Zunderschwamm ihnen zu arg zusetzen.

Die größten Buchenurwälder kann man in den Karpaten besuchen. In dem mächtigen Gebirgsbogen, der sich von der Slowakei quer über die südliche Ukraine und praktisch ganz Rumänien zieht, liegen die ältesten von der UNESCO geschützten und zugleich ursprünglichsten Buchenwälder überhaupt. Seit Ende der Eiszeit sind die Bäume hier ungestört gewachsen und gestorben, sie ragen bis über 50 Meter hoch in den Himmel. Stundenlang kann man dort durch die Gebirgswälder streifen und sieht eher einen Bären oder Wolf als mal einen anderen Baum. Man bekommt einen Eindruck, wie komplett der Sieg der Buche ausgefallen wäre, wäre ihr der Mensch nicht irgendwann in den Arm oder, besser gesagt, in den Ast gefallen.

Mit lateinischem Fachnamen heißt die Buche *Fagus sylvatica,* also einfach Waldbuche. Im Deutschen wird sie mit vollem botanischen Namen Rotbuche genannt, weil ihr Holz oft eine rötliche Färbung hat, die sich durch die beliebte Veredelung mit heißem Dampf noch verstärkt. Die im Sommer auffällige rote Blätter ausbildende Blutbuche, an die manche bei dem Namen Rotbuche zuerst denken, ist nur eine gern in Parks und Gärten gepflanzte Sonderform.

Erst östlich der Karpaten geht die Rotbuche in eine andere Art über, und zur Zeit ihrer größten Ausbreitung bedeckte sie mit ihren monokulturartigen Wäldern fast die Hälfte des europäischen Kontinents. Dass sie es als einzelne Baumart geschafft hat, derart die Vorherrschaft zu gewinnen, und das auch noch in nur wenigen Jahrtausenden, gilt als weltweit einzigartiges Phänomen. Bei ihrem Vormarsch kam sie in der Regel mehrere Hundert Meter pro Jahr voran. Wenn Bucheckern vergrabende Vögel wie der Eichelhäher mithalfen, waren auch noch viel weitere Vorstöße drin. Auf den Britischen Inseln setzt sie ihren Siegeszug bis heute fort. Und mischt sich dabei niemand ins natürliche Spiel der Kräfte, haben andere Bäume meist das Nachsehen.

Was natürlich die Frage aufwirft, warum das so ist. Wieso gelang es der Buche trotz ihrer späten Ankunft in Europa, irgendwann fast überall besser dazustehen als der Rest der Bäume? Welche geheime Kraft oder Fähigkeit erlaubt es ihr, diese so einfach aus dem Weg zu räumen?

Das von den Karpaten eingeschlossene Transsilvanien ist natürlich das traditionelle »Heartland« des Grafen Dracula. Und auch der Kellerwald gilt als möglicher Märchenschauplatz, an dessen Rand vielleicht das reale Vorbild für Schneewittchen lebte.

Doch die Buche zapft weder anderen Bäumen den Lebenssaft ab, wie es einige böse Bäume in späteren Kapiteln dieses Buches tun. Noch benutzt sie wie die Walnuss und die böse Königin in *Schneewittchen* Gift, um sich der leidigen Konkurrenz zu entledigen.

Nein, die Buche ist einfach nur ungemein erfolgreich im zentralen Kampf, der alle Pflanzen- und Waldgesellschaften prägt: dem ewigen Kampf ums Licht. Sie hat eine ungewöhnliche Meisterschaft darin entwickelt, diesen Kampf für sich zu entscheiden, und stellt in dieser Hinsicht alle anderen Bäume buchstäblich in den Schatten.

Das fängt schon bei den ganz Kleinen an. Es wird ja in letzter Zeit oft darüber geredet, wie nett Bäume zueinander sind. Andererseits beklagen Eltern, dass das Gerangel um die besten Plätze in der Gesellschaft immer früher losgeht und sich schon in den ersten Schuljahren entscheidet, wer einmal zu den Gewinnern gehört.

Nun, man kann nur froh sein, dass man keine Bäume als Kinder hat. Bei Versuchen mit jungen Buchen zum Beispiel zeigte sich, dass allein schon deren Konkurrenz untereinander dermaßen brutal ist, dass einem ein englisches Eliteinternat dagegen wie ein Waldorfkindergarten vorkommt.

Bei der Untersuchung wurden Bucheckern in schattigem Fichtenwald ausgesät, statt wie sonst bei der Waldverjüngung oft üblich bereits etwas größere Setzlinge zu pflanzen. Wie sich zeigte, entscheidet sich unter diesen naturnahen Bedingungen praktisch schon in den ersten zwei Lebensjahren einer Buche ihr gesamtes Schicksal. Kaum stößt sie mit ihrem braunen Hütchen aus der Erde und entfaltet ihre zwei dunklen Keimblätter, können minimale Unterschiede im Wachstum des ersten Sommers ihr einen bleibenden Vorsprung verschaffen. Bald bildet sich der erste Spross an dem Pflänzchen, dann die ersten zartgrünen Buchenblätter. Gierig saugen sie alles verfügbare Licht auf, um per Fotosynthese das Wachstum weiter zu beschleunigen.

Spätestens in der Wachstumsperiode des zweiten Jahres fallen dann die Würfel: Welches der wadenhohen Bäumchen es jetzt schafft, seine Nachbarn nur etwas zu überragen, wird in den nächsten zehn Jahren wahrscheinlich zu einer beachtlichen Jungbuche von bis zu drei Metern anwachsen. Die Kleinsten hingegen bleiben es auch: Im Schatten ihrer immer mehr Abstand gewinnenden Altersgenossen hungern sie sich im selben Zeitraum auf gerade mal einen Meter hoch. Viele gehen aber auch vorher schon ein, sodass sich der aufstrebende Jungwuchs immer mehr ausdünnt.

Und das ist nur, was passiert, wenn man zwei Dutzend der kleinen Streber zusammen in dieselbe Klasse steckt. Kommen andere Baumarten hinzu, treten die Unterschiede noch krasser zutage.

In den belgischen Ardennen hat man vor einiger Zeit Maßnahmen durchgeführt, um den angestammten Mischwald aus Eichen, Buchen und anderen Arten zu erhalten. Um speziell die auf viel Licht angewiesenen Eichen zu fördern, wurden große Löcher in den Wald geschlagen. Der Theorie nach sollten dann jugendliche Eichen, die ähnlich alt waren wie die Buchen am Ende des oben beschriebenen Experiments, am schnellsten wachsen. Doch stattdessen wurden sie von gleichaltrigen Buchen überholt. Egal wie viel Licht durch die Breschen fiel, die eifrigen Eliteschüler wussten es stets am besten für sich zu nutzen. Rasch überschatteten sie ihre eichenblättrigen Nachbarn, die im Flach- und Hügelland eigentlich als ihre stärksten Gegner und nicht nur in Deutschland als Sinnbild natürlicher Urkraft gelten. Sollen auch in Zukunft in den Ardennen hohe Eichen stehen, so das ernüchternde Resümee der Waldexperten, die den Eingriff überwachten, dann müsse man die jungen Buchen schon »per Hand entfernen«.

Bei erwachsenen Bäumen sieht die Sache nicht anders aus. Wie Deutschland ist die Schweiz zu rund einem Drittel von Wald bedeckt, und gemessen an ihrer Fläche produziert sie auch gar nicht so viel weniger Holz. Um zu sehen, wie die wirtschaftlich wichtigsten Bäume des Alpenlandes, nämlich Fichte, Weißtanne und Buche, miteinander auskommen, nutzten Waldökologen den umfangreichen Datenschatz der Eidgenössischen Forschungsanstalt für Wald, Schnee und Landschaft. Wie sich bei der Analyse herausstellte, sind Buchen selbst dann noch nicht aus dem Gröbsten raus, wenn ihr Stamm erst mal einen Durchmesser von 30 Zentimetern erreicht hat. Wie bei Brokern in einer Investmentfirma geht der unerbittliche Konkurrenzkampf der Eliteschüler weiter, zumindest wenn sie in reinen Buchenbeständen stehen. Persönliches Wachstum ist hier nur in sehr engen Grenzen möglich, was sich ganz anders darstellt, wenn sie zusammen mit Fichten oder Tannen einen Mischwald bilden. Obwohl die Fichte eigentlich als schnell wachsender »Brotbaum« gilt, blühen dann die gestressten High-Performer förmlich auf – und lassen beide nadligen Minderleister beim jährlichen Ringen um Zentimeter weit unter sich.

Das Fazit der Ökologen lautet, dass Fichten und Tannen zu zweit besser wachsen als allein, auch Buchen von Vielfalt profitieren und Monokulturen deshalb Blödsinn sind. Man könnte allerdings auch wie in den Ardennen den Schluss ziehen, dass man andere Bäume vor Buchen schützen muss, weil es karrieregeile, leistungsbesessene Killer sind.

Dass die Buche der »German Psycho« der Waldgesellschaft ist, ist der Forstwissenschaft auch keineswegs neu. Sie ist, wen wundert's, ein Dunkelkeimer, der nur in der Erde oder unter Laub keimen kann und später einen Pakt mit Wurzelpilzen wie dem Satansröhrling eingeht, um besser Wasser und Nährstoffe aus dem Boden zu ziehen. Auch darin, mithilfe ihrer Feinwurzeln und solcher geflechtartiger Mykorrhizapilze die Ressourcen des Erdreichs zu nutzen, scheinen Buchen ungewöhnlich effektiv zu sein. Der Schlüssel zu ihrem Erfolg liegt jedoch über der Erde: Sie brauchen nicht viel Licht und lassen zugleich kaum noch welches durch, sobald sich ihre Krone mit der von Artgenossen zu einem durchgängigen Dach schließt. Dabei werden alle Lücken konsequent dicht gemacht, egal wie asymmetrisch dafür die Äste wachsen müssen. So erreichen schließlich nur noch etwa drei Prozent des fotosynthetisch nutzbaren Lichts den Boden: zu wenig für fast alle anderen Baumarten, doch genug für den Nachwuchs der extrem »schattenfesten« Buche selbst.

Dieser kann über Jahre und Jahrzehnte in dem von den Älteren geschaffenen Zwielicht ausharren. Tut sich endlich eine Lücke auf, gibt es ein ähnliches Gerangel wie in einer großen Firma. Doch welcher junge Aufsteiger letztlich auch gewinnt: Unter natürlichen Bedingungen wird es mit ziemlicher Sicherheit eine Buche sein. Sie ist Europas unangefochtene »Kriegerin des Lichts«, und unter den rund fünfzig in Mitteleuropa heimischen Baumarten gilt sie als diejenige mit der größten »Konkurrenzkraft«. Für Pflanzensoziologen (die wirklich so heißen) ist sie die sogenannte Klimaxbaumart, die heute noch an vielen Standorten die »Schlusswaldgesellschaft« der natürlichen Vegetationsentwicklung bildet.

Nur eine Schwachstelle hat dieser arboreale Superkiller, der so gut Schatten verträgt und so alle anderen Bäume in den Schatten stellt: Er kriegt leicht Sonnenbrand. Die dünne glatte Rinde der Buchen, die sich so sehr von der furchigen Borke der Eiche unterscheidet, ist nicht nur dafür da, dass

Verliebte dort Herzchen einritzen können, ich im Herbst an Robben erinnert werde und möglichst viel Wasser in den Boden unter dem Baum gelangt. Unterstützt dadurch, dass sie wie bei uns ständig als feiner Staub herabrieselt, schützt die glatte Baumhaut auch vor dem Befall mit Käfern, Flechten und Moos. Bekommt sie jedoch zu viel Sonne ab, kann die dünne Schutzschicht aufreißen, was Fäulnis bringenden Pilzen die Pforten öffnet. Frei stehende Buchen bedecken sich deshalb bis zum Boden mit einem Kleid aus Ästen – ähnlich wie ein käsiger Tourist auf Mallorca, der sich am Strand ein T-Shirt überzieht.

Das ist praktisch schon die einzige Achillesferse des großen Eroberers. Doch zumindest was den europäischen Feldzug der Buche betrifft, gibt es Stimmen, die sagen, sie habe ihn trotz aller Überlegenheit nicht ganz allein bewerkstelligt. Weil die Theorie mit der Tierwelt zu tun hat, die mich genauso fasziniert wie der Wald und das Meer, und weil sie sich so gut in das vorige Kapitel über Akazien einfügt, möchte ich sie auch noch kurz darstellen.

Am Rand der großen Grünanlage aus meiner Kindheit, von der schon in Kapitel zwei die Rede war, hielt früher jede Woche ein Bus der Wiesbadener Stadtbibliothek. Im Sommer hat meinen Bruder und mich das nicht groß interessiert. Doch im Winter warteten wir geduldig in der kalten Dämmerung, bis sich die Türen der hell erleuchteten Fahrbücherei mit lautem Zischen öffneten und wir jeweils fünf Bücher in unser warmes Zuhause tragen durften.

Ein oder zwei Bände der großartigen Was-ist-was-Reihe waren wohl fast immer dabei. Bei meinem älteren Bruder,

der später einen Doktor in Physik machte, ging es schon damals um Planeten und Raumfahrt. Ich hatte bereits lange vor *Jurassic Park* einen Dinofimmel, und auch der 1979 erschienene Was-ist-was-Klassiker *Die Eiszeit* landete sofort in meinem Stapel. Fest wie eine Höhlenmalerei hat sich das wunderbar gestaltete Cover in mein Gedächtnis eingebrannt, auf dem sich ein prachtvolles Mammut mit langen Stoßzähnen und braunem Schopf gegen eine Horde mit Speeren bewaffneter Neandertaler zur Wehr setzte.

Allerdings habe ich mir wohl mehr die Bilder angeschaut, als die Texte zu lesen. Denn dass diese Szene sich mitten in Deutschland abgespielt haben könnte, war mir damals irgendwie nicht klar. Auch dass die stoisch vor sich hin kauenden Wisente, die man im kleinen Wiesbadener Tierpark bewundern konnte, irgendwann tatsächlich durch die umliegenden Wälder gestreift waren, machte ich mir nie richtig bewusst.

Doch so war es in ganz Europa – bis eben der Mensch auftauchte. Ob auf den eiszeitlichen Steppen erst die Neandertaler und später die modernen Menschen Mammuts wirklich so furchtlos jagten wie auf dem tollen Cover, ist bis heute nicht ganz geklärt. Doch ist es eine gängige Theorie, dass seit Beginn der letzten Eiszeit vor gut 100.000 Jahren und auch danach die Gattung Mensch für das Aussterben vieler großer Tiere verantwortlich war, vielleicht zusammen mit Klimaschwankungen. Zu diesen Tieren zählten in Europa große Pflanzenfresser wie Mammut und Wollnashorn, später auch Auerochsen, Wildpferde und Wisente. In Nordamerika mussten gleich mehrere mammutartige Rüsselträger, das Riesenfaultier, riesige Panzertiere und das tatsächlich von dort stammende Kamel dran glauben. In Australien Riesenkängurus und in Neuseeland Riesenvögel – und zwar verdächtig genau dann, als Menschen in diesen Regionen auftauchten.

Was das alles um Gottes willen mit Buchen zu tun hat? Na ja, in der afrikanischen Savanne sorgen große Pflanzenfresser wie Elefant, Nashorn und Giraffe dafür, dass das Buschland offen bleibt. Indem sie zum Beispiel an den Bäumen und Sträuchern von Akazien fressen, oder diese gleich ganz ausreißen, verhindern sie, dass sich dauerhaft geschlossener Wald bildet. Da dem Menschen in den neuen Gegenden der Welt, die er von Afrika aus besiedelte, die zutraulichen Großtiere leicht zum Opfer fielen, könnte er der flächendeckenden Bewaldung sozusagen den Weg geebnet haben. Davon profitierte in Mittel- und Westeuropa ab dem Ende der Eiszeit erst der von Eichen dominierte Mischwald, dann aber die Buche als nachziehender Klimaxbaum. Als vor etwa 5000 Jahren Europas Jäger und Sammler von Bauern und Viehhaltern abgelöst

Hat seine Ausrottung den Bäumen in Europa den Weg geebnet? Das Wollnashorn war ein fleißiger Pflanzenfresser.

wurden, könnten diese durch das Roden von Feldern und Weiden die Mischwälder noch zusätzlich für die Besiedlung mit Buchen geöffnet haben.

Der Mensch hätte in diesem Szenario also eine ähnliche Rolle gespielt wie die Ameisen bei den Akazien und der Buche sowohl im Kampf gegen Tiere als auch gegen andere Pflanzen beigestanden. Doch als er sich nach und nach ebenso erfolgreich auf dem Kontinent ausbreitete wie die Buche selbst, wendete sich irgendwann das Blatt. Sonst wäre zum Beispiel in Deutschland der Wald heute nicht auf ein Drittel der Landesfläche begrenzt. Und der Anteil der Buchen mit den zu Beginn des Kapitels erwähnten 15 Prozent nicht so unnatürlich klein.

Tja, das ist das Blöde als unschlagbarer Superbaum – wo's viel gibt, gibt's auch viel zu holen. In ganz Mitteleuropa diente Buchenholz schon früh zur Herstellung von Löffeln, Schuhen, Trögen, Schlitten, Balken, Dielen und allen möglichen anderen Gegenständen. Zugleich war das dichte Holz ideal, um daraus Holzkohle für die überall aus dem Boden schießenden Metall- und Glashütten zu machen. Im Jahr 1713 mahnte deshalb zum ersten Mal ein sächsischer Berghauptmann, mit der schwindenden Ressource Wald »nachhaltender« umzugehen. Leider wurden seither für die Aufforstung hauptsächlich an kalte Standorte gewöhnte Fichten und Kiefern verwendet, was sich heute angesichts des Klimawandels als wenig »nachhaltend« erweist. Als ein möglicher Ausweg wird vorgeschlagen, uns erneut zum Komplizen der Buche zu machen und dem natürlichen Superstreber freie Bahn zu lassen – damit sich seine schattigen kühlen Wälder wieder ungestört ausbreiten können.

Meinen Segen hätte der Plan. Zum einen kann ich Bäumen sowieso nie lange böse sein, egal wie unsympathisch sie sich verhalten. Zum anderen möchte ich meine Lieblingsrunde im Wald ungern ändern, und Douglasien, die ebenfalls als mögliche Lösung gelten, verfärben sich im Herbst genauso wenig wie Palmen in Florida.

5 Herrscher des Feuers

I come from a land down under.

Men at Work

Vor einiger Zeit habe ich einen alten Freund aus der Schule getroffen. Wir waren lange ein Kopf und ein Arsch, wie man so sagt. Selbst dass er mich immer im Tennis vom Platz gefegt hat, habe ich ihm nie übel genommen, trotzdem haben wir uns irgendwann aus den Augen verloren. Jetzt holte er nach ein paar Minuten sein Handy raus und zeigte mir ein Foto. Er wohnte inzwischen mit seiner Familie in einem schönen Häuschen auf einem der Hügel, die Wiesbaden umgeben, und von dort stammte auch das Bild: Mitten im Garten stand eine hohe, lichterloh brennende Tanne.

Mein alter Kumpel hatte mir bereits erzählt, dass seine zwei kleinen Söhne ziemliche Rabauken sind. Nun hatte der jüngere im Garten gezündelt und fast das ganze Viertel abgebrannt. Es war eine ernste Sache: Die Feuerwehr hatte den Brand zwar gelöscht und niemand war zu Schaden gekommen. Aber natürlich hätte alles ganz anders enden können.

Trotzdem muss ich zugeben, dass jetzt, wo alle erleichtert aufatmen konnten, auch eine gewisse Faszination von dem

Bild ausging. Ausgedörrt wie er war, hatte sich der Baum binnen Minuten in eine zwei Stockwerke hohe Fackel verwandelt. Die Aufnahme aus dem alltäglichen deutschen Garten brachte einem die elementare Kraft und Bedrohlichkeit dieses Spektakels irgendwie noch mal näher als ähnliche Bilder aus dem Fernsehen. Es fehlte nicht viel und wir hätten über den ausgewachsenen Streich, den sich der kleine Bursche da geleistet hatte, noch geschmunzelt.

Geraten Feuer wirklich außer Kontrolle, schmunzelt natürlich niemand mehr. Trotz aller Fortschritte kommt es leider auch in Städten immer wieder zu großen Brandkatastrophen. Doch am ehesten denkt man bei dem Wort inzwischen wohl an die riesigen Waldbrände, die den Planeten regelmäßig heimsuchen.

Im Vergleich zu dem, was folgte, werden viele deutschsprachige Leser den Winter von 2019 auf 2020 noch als einigermaßen sorgenfrei erlebt haben. Zur selben Zeit machte Australien jedoch einen »Schwarzen Sommer« durch, bei dem mehr als dreißig Menschen durch Waldbrände ums Leben kamen, Tausende Häuser zerstört wurden und insgesamt eine Fläche von der halben Größe Deutschlands brannte. Sowohl was Menschenleben als auch reine Fläche angeht, war es leider nicht mal die schlimmste derartige Katastrophe in der Geschichte des Kontinents. Doch die Brände waren extrem groß und wüteten ungewöhnlich lange und heftig. Auch sorgte das sehr heiße, trockene und windige Wetter dafür, dass noch mehr der dichten Wälder entlang der Ostküste betroffen waren als sonst.

Auch in Kalifornien brannte es im Sommer 2020 ungewöhnlich stark. Obwohl ähnlich groß und waldreich wie Deutschland, ist der Bundesstaat an der amerikanischen Westküste immer noch sehr viel kleiner als der australische Kontinent. So war hier im Vergleich nur etwa ein Zehntel der Fläche betroffen. Dennoch starben ebenso viele Menschen und noch mehr Gebäude wurden beschädigt oder zerstört. Auch kam es zum größten zusammenhängenden Brand, den man dort jemals erlebt hat – zu dem sich im Sommer darauf gleich der zweitgrößte gesellte.

Nicht weniger vertraut sind uns die Meldungen, die uns inzwischen fast jährlich aus dem nahen Portugal erreichen. Bei besonders schweren Waldbränden im Sommer und Herbst 2017 starben hier über hundert Menschen. Nur drei Jahre später sorgten Sommerhitze und starke Winde wieder für heftige Brände im waldigen Zentrum des Landes. Diesmal gingen sie jedoch zum Glück viel glimpflicher aus.

In Deutschland sind Waldbrände gegen all das winzig, und soweit es sich überblicken lässt, kommen dabei auch so gut wie nie Menschen zu Schaden. Dass wir als Menschen die Schwere solcher Unglücke hauptsächlich danach bemessen, ist nur natürlich. Doch auch der Tod von Tieren bewegt uns immer mehr. Noch während des »Schwarzen Sommers« stellte ein australischer Forscher die Schätzung auf, dass dabei mindestens eine Milliarde Säugetiere, Vögel und Reptilien umkommen würden. In einem Bericht des WWF erhöhte sich die Zahl später sogar auf mehr als drei Milliarden getötete, verletzte oder vertriebene Bewohner des Buschs. Sieht man die zugehörigen Bilder von versengten Koalas und verwaisten Kängurukindern, ist es praktisch unmöglich, nicht vor Mitleid dahinzuschmelzen. Auch bei den kalifornischen Feuern von 2020 wurde der Verlust von Hunderten der immer seltener werdenden Pumas betrauert.

Wälder sind uns ebenfalls wichtig. Doch hier betrauern wir immer noch eher den Verlust an Fläche, als eine konkrete Zahl an Bäumen zu benennen. Im Vorwort habe ich ja schon spekuliert, dass es wahrscheinlich gar nicht so angenehm wäre, wenn wir Bäumen ein ähnliches Schmerzempfinden und Seelenleben wie uns selbst zugestehen würden – oder auch nur das von anderen Tieren als uns. Bei Aufnahmen von den australischen Waldbränden wäre eine solche Sicht schlicht nicht zu ertragen. Dantes Inferno oder eine der höllischen Fantasien Hieronymus Boschs würden uns wie harmlose Kindermärchen dagegen vorkommen. Besonders wenn man bedenkt, dass die armen Bäume anders als die armen Sünder noch nicht mal vor den teuflischen Qualen weglaufen können.

Doch hätte ich natürlich kaum so viel von brennenden Bäumen und Wäldern geredet, wenn nicht auch hier wieder ein Baum eine unschöne Rolle spielen würde. Ein Baum, der wie die Feige aus Kapitel eins andere Bäume erwürgt, ist verblüffend. Einer, der wie die Walnuss den Boden vergiftet, noch mehr. Die Zusammenarbeit von Akazien und Ameisen ist faszinierend. Die Perfektion, zu der es die Buche im Kampf ums Licht gebracht hat, auch.

Doch ein Baum, der auf irgendeine Weise zu Waldbränden beiträgt, kann das wirklich sein? Wie ich eben gesagt habe: Er kann ja nicht weglaufen – da käme das doch Selbstmord gleich. Dass ein Baum Waldbrände befeuern, anheizen oder am Ende sogar selbst legen sollte, erscheint nur schwer möglich oder vorstellbar.

Aber möglich ist es eben doch – was vermutlich zeigt, wie wenig unsere menschlichen Vorstellungen zum Erkunden des Wesens von Bäumen letztlich taugen. Zählt man alle Indizien zusammen, ist es auch schwer, nicht wieder irgendeine Form von »Absicht« im Verhalten dieses bösen Baums zu erkennen. Oder, genauer gesagt: eine der unbewusst teuflischen Absichten der Evolution.

Der Baum, den Sie vielleicht schon erraten haben, ist vielen von uns in Form von Erkältungssalben, wohltuenden Tees und leckeren Lutschbonbons seit Langem vertraut. Auch sein putziges Maskottchen wird von den meisten wohl auf Anhieb erkannt.

Wie ich oben mit dem für das Thema vielleicht etwas flapsigen Songzitat bereits angedeutet habe, kommt der Baum diesmal aus Down Under, also vom sogenannten Fünften Kontinent. Und wie es manche auch von den Menschen glauben, ist er zugleich ein Kind des Feuers und ein erbarmungsloser, einzigartiger und erstaunlicher Herrscher über dieses Element.

Nicht nur bei mir zu Hause in Hessen, auch am anderen Ende der Welt, im Hinterland von Sydney, gibt es einen als Welterbe ausgewiesenen Wald. Gut, die ausgewiesene Fläche ist etwas größer als beim Kellerwald: viele hundertmal größer, um genau zu sein, und zehnmal größer als alle geschützten Buchenwälder im dicht besiedelten Europa zusammen. Aber wir sind ja auch in Australien, wo immer alles größer, gefährlicher und abgefahrener ist als sonst.

Das Gebiet nennt sich die Blue Mountains und besteht aus endlosen bewaldeten Tälern und weit in den Himmel ragenden Sandsteinplateaus. Sie gehören zu einem langen Gebirgszug an der Ostküste Australiens, der zum Teil bereits entstand, bevor sich das Land vor etwa 50 Millionen Jahren vom riesigen Urkontinent Gondwana löste. Weiter nördlich gibt es auch noch ganz ähnlichen Regenwald wie einst dort, doch in den »Blauen Bergen« ging die Evolution andere Wege. Hier wachsen Akazien, wie wir sie in anderer Form schon aus Afrika kennen, Banksien mit seltsamen Zapfen, vor allem aber jede Menge Eukalyptusbäume. In ganz Australien bestehen rund drei Viertel der Wälder aus Eukalypten, doch in den Blue Mountains ist die Vielfalt besonders groß. Sie ist es, die der Gegend zu ihrem Status als Welterbe und auch zu ihrem Namen verholfen hat: Durch den feinen Nebel aus ätherischen Ölen, der von den Bäumen aufsteigt, haben die fast vollständig zugewachsenen Plateaus in der Ferne einen blauen Schimmer.

Die Blue Mountains gelten als eine Art natürliches Labor, in dem man den fast nur in Australien heimischen Eukalypten in den verschiedensten Entwicklungsformen begegnen kann. Sie werden hier nicht so groß wie der weiter südlich wachsende Rieseneukalyptus, der zusammen mit den kalifornischen Mammutbäumen zu den höchsten Bäumen überhaupt gehört. Doch auch die Urwaldarten in dem Schutzgebiet sind oft mehr als 30 Meter hoch, hinzu kommen gedrungenere Spezies und vielstämmige Strauchformen in offenerem Gelände. Eukalyptusbäume sind für die gefährliche Gewohnheit bekannt, bei Trockenheit unvermittelt Äste »abzuwerfen« (was in einem späteren Kapitel noch Thema sein wird). Bei vielen Arten blättert auch die Rinde in großen Placken oder Streifen ab, bleibt am Baum hängen, bildet unten am Stamm eine Art Rock oder verteilt sich über den Boden. Hier sammelt sich jedes Jahr etwas mehr der trockenen Streu zwischen den anderen Bäumen und Sträuchern. Obwohl immergrün, werfen Eukalypten auch Jahr für Jahr viele ihrer

Bäume, die sich ihren eigenen Scheiterhaufen bauen? Eukalypten pflegen ein seltsam inniges Verhältnis zum Feuer.

Blätter ab, den größten Teil pünktlich vor der großen Hitze des Sommers.

Koalas haben gelernt, die ätherischen Öle in Eukalyptusblättern zu verdauen. Viele Pilze und Bakterien des Waldbodens kommen aber weniger gut damit zurecht, weshalb die Blätter kaum verrotten und weiter zur trockenen Schicht aus Zweigen, Ästen und Rinde beitragen. Eukalyptusöl brennt so leicht und gut, dass man es ohne Probleme bei einem Dieselwagen mit in den Tank schütten kann, und irgendwer hat ausgerechnet, dass für alle drei Fingerhoch Streu ebenso ein Fingerhoch Benzin auf dem Boden stehen könnte. Deshalb ist Rauchen in den insgesamt sieben Nationalparks, aus denen sich das Blue-Mountains-Schutzgebiet zusammensetzt, streng verboten. Bei heißem, trockenem »Feuerwetter«, wie man es in Australien nennt, dürfen auch keine Lagerfeuer gemacht werden und Gebiete mit zu dicker Streuschicht werden ganz abgesperrt.

Doch Eukalyptusbäume brauchen den Menschen nicht, um zu bekommen, was sie wollen. Umfallende Strommasten und Funken sprühende Zugräder können Waldbrände auslösen, manchmal verrichten auch Brandstifter ihr übles Werk. Doch in Australien sind wohl nach wie vor in den allermeisten Fällen natürliche Gründe verantwortlich, nämlich ganz einfach Blitzeinschläge. Besonders in abgelegenen Gebieten ist das so, und dabei herrschen oft Wetterverhältnisse, durch die der gleichzeitig fallende Gewitterregen verdampft, noch bevor er den Boden erreichen kann.

Trifft ein Blitz einen ausgetrockneten Eukalyptusbaum, kann er explodieren wie eine sehr lange Stange Dynamit oder auch nur wie die Tanne im Garten meines alten Schulfreunds von einem Moment zum andern in Flammen aufgehen. Der resultierende Brand läuft schnell wie ein Strohfeuer durch offenen Busch oder die trockene Schicht aus Streu und Sträuchern im Eukalyptuswald. Je höher sich die Streu türmt, umso höher zucken jedoch auch die Flammen, und manche der Bäume scheinen es mit ihrer zotteligen Rinde geradezu darauf anzulegen, dass das Feuer nicht am Boden bleibt. Sie leiten es förmlich in ihre luftigen Kronen hinauf, und wenn dort dann noch der Wind reinbläst, entstehen die riesigen Monstren, die man aus dem Fernsehen kennt. Wie ein lebendiges Wesen aus haushohen Flammen fressen sie sich durch die Wälder, springen gierig von Baum zu Baum und wälzen sich im schlimmsten Fall rascher durch die Landschaft, als Mensch oder Tier rennen kann.

Auch das scheint manchen Eukalypten aber nicht genug: Wie vom Wind getragene Molotowcocktails werfen sie ihre brennenden Rindenstreifen Dutzende von Kilometern weit, sodass auch anderswo im Wald wieder neue Brände entstehen, bis sich schließlich alle Feuer zu einem einzigen Megabrand verbinden. Die Flammenwände lodern noch höher, selbst die Luft über den Bäumen entzündet sich in grellen Explosionen. Manchmal bilden sich in den aufsteigenden Rauchwolken sogar eigene Stürme, die das Feuer durch neue regenlose Blitze weiter anfachen.

In den Blue Mountains sind im »Schwarzen Sommer« auf diese Weise knapp 80 Prozent der als Welterbe geschützten Fläche in Flammen aufgegangen. Im ganzen grünen Südosten des Kontinents waren es fast ein Viertel der gemäßigten Laubwälder. In ganz Australien laut manchen Aussagen ein Fünftel der bewaldeten Fläche.

Was übrig bleibt, wirkt wie das Ergebnis einer riesigen Apo-, oder vielleicht sollte man eher sagen: Eukalypse. Wenn die Rauchschwaden sich lichten, tauchen verkohlte Geisterwälder daraus auf, in denen die Bäume wie nackte schwarze Stöcke aus der fahlen Asche ragen. Kein Grün ziert mehr ihre traurige Gestalt, höchstens an den äußersten Zweigspitzen hängen noch ein paar versengte Blätter. Wo kurz zuvor Kakadus in den Zweigen kreischten, Wallabys durch duftigen Schatten hüpften und Wombats ihrer heimlichen Existenz nachgingen, herrscht nun ein Bild, wie wir es uns nach einem Meteoriteneinschlag oder Schlimmerem vorstellen. Wenn ich mit meinem Mountainbike über den Wiesbadener Taunuskamm radle, komme ich manchmal durch kleine abgestorbene Fichtenflächen, bei denen man das Gefühl hat, jeder Lebensfunke habe den Wald verlassen. In Australien kann man nach einem Buschfeuer stundenlang durch die Landschaft laufen, als wandele man durch ein graues, trostloses, für immer verlorenes Totenreich.

Jedoch: Der Eindruck täuscht. Selbst nach dem riesigen Brand im »Schwarzen Sommer« zeigten sich in den Blue Mountains rasch Zeichen neuen Lebens. So frisch und grün, dass sie fast künstlich wirkten, brachen überall aus den verkohlten Stämmen ganze Büschel junger Triebe hervor. Unten am Ansatz der Bäume sprossen sie ebenfalls üppig. Zugleich reckten aus der Schicht aus Asche und verkokelter Vegetation am Boden unzählige kleine Keimlinge ihre Köpfe. Nur ein paar Monate nach der Katastrophe besuchte bereits das australische Fernsehen das Schutzgebiet, um die sich abzeichnende Auferstehung begeistert zu feiern. Kurze Zeit später waren viele der »schwarzen Stöcke« bis zur Spitze in buschiges Grün gehüllt. Wer an einer der von den Nationalparkbehörden organisierten »Genesungstouren« teilnahm, dem gingen die aus den Keimen erwachsenen Bäumchen schon wieder bis zur Hüfte.

Oft dauert es in solchen Wäldern kaum mehr als fünf Jahre, bis alles wieder aussieht wie vorher. Die Blätter sind von den Stämmen zurück in die Kronen gewandert. Unten stehen erneut Sträucher und kleinere Bäume. Und auch der Aufbau der leicht entzündbaren Bodenstreu hat längst wieder begonnen.

Nur beteiligen sich jetzt – und das ist ein wichtiger Punkt – im Verhältnis zur restlichen Pflanzengesellschaft noch mehr Eukalypten daran als vorher.

Anfang der 80er-Jahre wurde nicht nur der von mir anfangs zitierte Song der Band Men at Work zum Welthit und so praktisch zur Nationalhymne Australiens. Nicht viel später kam dort eine Nummer in die Charts, der viele Einheimische vermutlich einen ähnlichen Rang einräumen würden. Darin wird augenzwinkernd die Liebe des Otto Normal-Aussies zu seinem Häuschen in den *gum trees* besungen. Gemeint sind damit vor allem die heimischen Eukalyptusbäume, von denen viele bei Verletzungen ein gummiartiges Harz absondern.

Seit die Rolle der Bäume bei den regelmäßigen Waldbränden des Landes besser bekannt ist, wird diese freundliche Sicht jedoch längst nicht mehr von allen geteilt. Von australischen Feuerwehrmännern zum Beispiel kann man hören, dass sie besonders diejenigen Eukalypten, die brennende Rindenstücke wie Brandbomben im Wald verteilen, »leidenschaftlich hassen«. Auch als gerissen und hinterhältig werden die Bäume gerne bezeichnet; oder von Journalisten als Brandstifter, Kamikazepflanzen, Soziopathen und tickende Zeitbomben beschimpft. Ein australischer Biologe geht noch weiter: Für ihn sind Eukalypten »als Bäume verkleidete Verbrennungsanlagen«, die direkt aus der Hölle stammen und so gefährlich sind »wie mit dem Schwanz zuerst in die Erde gepflanzte Krokodile«. Er glaubt, dass die verdächtig schnell brennenden Bäume, die in Australien auch »Benzinbäume« genannt werden, auf einen genialen Trick gekommen sind, der ihnen einen unfairen Vorteil gegenüber allen anderen Bäumen verschafft. Ginge es nach ihm, sollten sie in der Nähe menschlicher Siedlungen verboten werden und sich die Sicht auf die heimischen *gum trees* von Grund auf ändern.

Von so brennendem Eifer beseelt sind nur wenige andere Biologen und Forstexperten. Doch generell glauben auch von ihnen die meisten, dass hinter dem feurigen Temperament der Eukalyptusbäume Strategie steckt. Dafür spricht nicht nur, wie geschickt sie Waldbrände vorbereiten und anfachen, sondern auch, wie gezielt sie davon profitieren.

Wie Phönix aus dem Aste: vom Feuer zum Leben erweckte Triebe am verkohlten Stamm eines Eukalyptusbaums.

Viele Eukalypten sind durch ihre Rinde bis zu einem gewissen Grad vor Feuer und Hitze geschützt. Doch selbst wenn sie stark verkohlen und nur ein kahler schwarzer Umriss von ihnen übrig bleibt, können sie nach einem Brand sofort wieder austreiben. Tief im Holz von Stamm und Ästen haben sie sogenannte schlafende Knospen, die vor den Flammen verborgen bleiben und nach dem Feuer automatisch zum Leben erwachen. Ist die Krone ganz oder teilweise verbrannt, sendet sie keine hemmenden Hormone mehr durch den Stamm, die das Wachstum der schlummernden Triebe unterdrücken. So sprießen sie überall aus dem schwarzen Baum hervor und überziehen ihn rasch wieder mit einem efeuartigen Kleid aus Zweigbüscheln und Blättern.

Auch am Fuß ihres Stamms haben viele Eukalypten eine geschwulstartige Verdickung mit solchen versteckten Knospen. Wie jene weiter oben können auch sie nach einem Brand rasch aus ihrem Dornröschenschlaf erwachen. Selbst wenn der ursprüngliche Baum tot und kahl bleibt, können so aus dem seltsamen »Elefantenfuß« neue Bäume wachsen, die sein Leben auf wundersame Art erneuern.

Die vor dem Feuer geschützten Knospen sind nur rein vegetative, also wie eine jungfräuliche Geburt ohne Sex und genetische Vermischung auskommende Mittel, um Feuer möglichst gut zu überleben. Wie perfekt Eukalypten regelmäßig wiederkehrende Waldbrände in ihren Lebensplan einrechnen, zeigt sich vielleicht noch deutlicher an ihren Samen.

Diese sind in harte, holzige Kapseln gehüllt, wie sie winzige Astronauten auch zum feurigen Eintritt in die Atmosphäre nutzen könnten. Tatsächlich kann es in den Kronen der Bäume ähnlich heiß werden, wenn ein Feuer dort wütet.

Doch die Kapseln schützen die kleinen Passagiere nicht nur vor Hitze. Sie haben auch mehrere Luken, die sich grundsätzlich nach einer gewissen Zeit, vor allem aber nach größeren Bränden öffnen. Manche Eukalyptusarten können sich sogar nur fortpflanzen, indem sie bei einem heftigen Feuer verbrennen und sterben, dabei jedoch ihre Samen über die qualmende Landschaft verstreuen. Diese mag auf uns unwirtlich und lebensfeindlich wie auf Mars oder Mond wirken. Doch für die Abermillionen von Eukalyptussamen, die nach einem Waldbrand durch die Luft rieseln, bietet sie genau die richtigen Wachstumsbedingungen.

Jetzt wo das Blätterdach verbrannt ist, gibt es Licht im Überfluss. Auch die Konkurrenz durch Sträucher und Gräser am Boden ist ausgeschaltet. Der Boden selbst besteht aus einem herrlich lockeren, vor gesunden Mineralien strotzenden Aschebett und ist durch das Feuer wie sterilisiert, sodass weniger schädliche Pilze und Bakterien darin wimmeln. Samenräuber wie Ameisen und Vögel sind durch das vom Brand ausgelöste Überangebot schlicht überfordert. Und so hart das klingt: Auch grasende Tiere und andere Eukalyptusfresser müssen die sprießenden Bäumchen zumindest nach großen Feuern vorerst weniger fürchten.

Eukalypten sind für ihr schnelles Wachstum bekannt, und überall, wo Waldbrände besonders heftig gewütet haben, gewinnt ihr »aus dem Feuer geborener« Nachwuchs schnell die Oberhand und dominiert bald die örtliche Natur. Obwohl eigentlich lässige Australier, erinnern die Bäume in dieser Hinsicht fast ein bisschen an die streberhaften deutschen Buchen aus Kapitel vier.

Mit einem kleinen Unterschied: Die jungen Buchen müssen sich in dichtem, schattigem Gestrüpp selbst gegen die Konkurrenz durchsetzen. Die Eltern der Eukalypten hingegen ersparen ihren Kindern diese Herausforderung, indem sie einfach vorher alles mit dem Flammenwerfer abfackeln.

Ein Baum, der wie der antike Phönix aus der eigenen Asche aufersteht, ist natürlich grundsätzlich eine faszinierende Sache. Weil Eukalyptusbäume bei guten Lichtverhältnissen so schnell wachsen, wachsen sie heute jedoch nicht mehr nur in Australien, sondern auf der ganzen Welt. Wegen ihres Holzes und ihres wohlriechenden Öls werden sie in fast hundert Ländern angebaut. So ist zu der riesigen Fläche, die sie in Australien einnehmen, mithilfe des Menschen noch mal eine doppelt so große Fläche fern der Heimat hinzugekommen.

Zwei Regionen mit vielen eingeführten Eukalypten sind Kalifornien und Portugal. In Portugal könnten die zur Papierherstellung angelegten Eukalyptusplantagen wesentlich zur Heftigkeit der anfangs beschriebenen Brandkatastrophen beigetragen haben. Erschwerend kommt dabei wohl hinzu, dass aufgrund der Landflucht viele Pflanzungen aufgegeben werden und dort niemand mehr die hochbrennbare Streu entfernt. In Kalifornien kamen Eukalypten schon zur Zeit des Goldrauschs als Nutz- und Zierbäume in Mode. Seit sie jedoch bei großen Feuern für einen Hauptteil der ausgestrahlten Brandenergie verantwortlich gemacht werden, sehen viele sie als gefährliche invasive Spezies. Auch in Chile waren sie an Bränden beteiligt, und in Spanien werden die in Verruf geratenen Fremdlinge inzwischen sogar gezielt wieder entfernt. So hat sich die Frage, wie böse Eukalyptusbäume wirklich sind, sozusagen zu einem Thema von internationaler Tragweite ausgedehnt.

Zu ihrer Entlastung lässt sich sagen, dass sie keineswegs die einzigen Bäume oder Pflanzen sind, die ein sehr inniges Verhältnis zum Feuer pflegen. Zu diesen sogenannten Pyrophyten gehören zum Beispiel die bereits erwähnten Banksien, deren außerirdisch anmutende Blütenstände es auch oft in deutschen Blumenläden zu kaufen gibt. Wie bei den Eukalypten öffnen sich die bizarren Zapfen, die unter den Blüten wachsen, mit großer Vorliebe, wenn es brennt. Nicht anders ist es bei etlichen Kiefernarten und den ebenfalls schon erwähnten Mammutbäumen. Selbst normale Tannenzapfen öffnen ja schon bei Wärme ihre Schuppen. Bei feuerliebenden Kiefern sind sie aber zusätzlich noch mit einem Harz verschlossen, das nur bei großer Hitze schmilzt. Auch vor Feuer geschützte Knospen und unterirdische Anlagen teilen viele Pflanzen mit den Eukalypten. Bei anderen wieder keimen die in der Erde schlummernden Samen ausschließlich nach einem Brand.

Zusammen bilden solche Pyrophyten oft sogenannte Feuerökosysteme, in denen alles auf die regelmäßige Wiederkehr von großen oder kleinen Bränden abgestimmt ist. Das können Wälder wie in Australien oder in Kalifornien sein, wo die großen Kiefernwälder auch schon vor der Ankunft der Eukalypten immer wieder brannten. Aber auch heiße und trockene Strauch- und Savannenlandschaften in Afrika, Südamerika und Südeuropa gehören dazu.

Das zeigt zumindest, dass der Eukalyptus nicht der einzige Pyromane und Mad Max der Pflanzengesellschaft ist – doch die Entlastung könnte noch viel weitergehen. Manche Baumfreunde glauben nämlich, dass die Eukalypten bei ihrer feurigen Eroberung der australischen Flora – ähnlich wie die

Buchen in Europa – einen entscheidenden Komplizen hatten: uns. In diesem Szenario könnten sogar wir es gewesen sein, durch die sich ihre pyromanischen Neigungen erst voll entwickelten.

Wie ich ganz oben schon angedeutet habe, wird nicht nur der Eukalyptus, sondern auch der Mensch gerne als Kind des Feuers gesehen. Wie wichtig der antike Prometheus und sein Geschenk des Feuers für uns war, wissen manche vielleicht noch aus der Schule. Tatsächlich glauben viele Wissenschaftler, dass wir in unserer heutigen Gestalt gar nicht überleben könnten, ohne in irgendeiner Form das Feuer zu nutzen. Wann wir und unsere frühen Verwandten das lernten, ist eine heiß umstrittene Frage. Doch einer beliebten Theorie zufolge könnten wir schon vor knapp zwei Millionen Jahren damit angefangen haben. Damals begannen bei uns Gebiss und Darm zu schrumpfen, während das Hirn immer größer wurde. Der Grund, so die These: Durch Feuer gegarte Nahrung ließ sich leichter verdauen. Zugleich förderten gemütliche Runden am Lagerfeuer Soft Skills und Sprache.

Aus meiner eigenen Vorzeit kann ich mich noch an den 80er-Jahre-Streifen *Am Anfang war das Feuer* erinnern. Darin stand eine Gruppe europäischer Urmenschen ziemlich dumm da, als ihnen ihre von einem natürlichen Brand stibitzte Glut erlosch. Als wenig später, nämlich vor etwa 50.000 Jahren, mit den Aborigines moderne Menschen Australien besiedelten, fingen sie jedoch wohl bald an, die Landschaft mithilfe von Feuer zu formen. Wie die Mammutjäger auf dem Cover meines Lieblingsbuchs erlegten sie möglicherweise erst alle großen Tiere. Um danach kleinere Tiere besser jagen zu können, hielten sie die Landschaft gezielt mit Buschbränden offen.

Da durch diese Praxis regelmäßig die gefährliche Streuschicht der Eukalypten dezimiert wird, verhindert sie wohl größere Brände. Gleichzeitig könnte sie paradoxerweise dazu geführt haben, dass sich die feuerliebenden Gesellen weiter ausbreiteten und noch besser ans Feuer anpassten. Als in jüngster Zeit dann die europäischen Siedler kamen, könnten sie durch Abschaffung der alten Brandpraktiken dafür gesorgt haben, dass Buschbrände zwar weniger, dafür aber aufgrund der ungehindert wachsenden Streuschicht immer größer wurden.

Ob das alles so war, wie die »ursprüngliche« Landschaft Australiens aussah und was für Schlüsse daraus zu ziehen sind, ist allerdings noch umstrittener als die Frage nach der menschlichen Entdeckung des Feuers selbst. Zugleich gibt es viele Hinweise, dass der Eukalyptus schon lange ein gewiefter Herrscher des Feuers war, bevor der Mensch auch nur in Ansätzen existierte.

Da sind zum Beispiel all die fossilen Ablagerungen verkohlter Vegetation in Australien, die in eine Zeit zurückdatieren, als der Kontinent sich noch nicht lange von den übrigen Teilen des Urkontinents Gondwana getrennt hatte. Wahrscheinlich entwickelte sich der Eukalyptus sogar noch eine ganze geologische Weile davor, und zwar in der feurigen Übergangsphase, die vor rund 66 Millionen Jahren das Ende der Dinosaurier und den Aufstieg der Säugetiere einläutete. Zumindest wurden vor nicht langer Zeit erstaunlich gut erhaltene Samenkapseln aus ungefähr dieser Zeit gefunden, die verblüffend genau den feuerfesten Versionen der heutigen Zeit ähnelten.

Auch die selbst für Pyrophyten ungewöhnliche Fähigkeit, mit seinen brandbombenartigen Rindenstücken Waldbrände anzufachen, halten Forscher für eine Anpassung aus jener weit zurückliegenden Periode. Als sich später dann der Erdteil immer mehr seiner heutigen Position in der Nähe des Äquators näherte, wurde auch sein Klima trockener und heißer. So richtig Feuer für die Methode, die Konkurrenz mittels Brandstiftung auszulöschen, fingen die Eukalypten laut neusten Genomstudien dann in den letzten zwei bis zehn Millionen Jahren.

So lange das vor der Ankunft der ersten Menschen in Australien liegt, so sehr könnten wir heute trotzdem die Herrschaft des Eukalyptus – oder auch seinen Niedergang – auf der ganzen Welt befeuern. Lagerfeuer, Schmelzöfen, Kohlekraftwerke, Verbrennungsmotoren, Industrieschlote: Wie sehr wir selbst zu Herrschern des Feuers geworden sind, hätten sich die Urmenschen aus *Am Anfang war das Feuer* wahrscheinlich nie träumen lassen.

Für manche Forscher ist die ewige Erneuerung, die durch notorische Brandstifter wie den Eukalyptus angeheizt wird, der Ausdruck einer gesunden Natur, deren Vielfalt sie in dem Begriff »Pyrodiversität« zusammenfassen. Andere pflanzliche Brandexperten waren vom Ausmaß der Zerstörung, das der »Schwarze Sommer« in Australien hinterlassen hat, jedoch überrascht. Sie fürchten, dass durch den Klimawandel Bedingungen entstehen, mit denen selbst die pyrophytischen Herrscher des Feuers nicht mehr zurechtkommen könnten.

6 Grausamer Götterbaum

Kein Baum, sagt man, wächst in den Himmel, es sei denn, dass seine Wurzeln die Hölle erreichten.

C.G. Jung

Ist Ihnen das auch schon passiert? Sie spazieren im Sommer durch einen Park oder eine nette Wohngegend und genießen die warme, von hundert Düften erfüllte Luft. Plötzlich kräuselt sich Ihre Nase, Sie heben sie kurz schnüffelnd, dann zieht sich auch die Stirn in Falten und Sie bleiben verdutzt stehen. Vielleicht sind Sie nicht allein unterwegs, sondern in angenehmer Begleitung, die nun ebenfalls stoppt. Verwundert legt Ihr Gegenüber den Kopf schief und sieht Sie fragend an.

»Was ist los? Warum hältst du? Ist irgendwas?«

»Nein, alles in Ordnung, nur … Riechst du das nicht?«

»Was soll ich riechen? Grillt schon wieder jemand? Ja, ich könnte auch langsam ein Häppchen vertragen.«

»Nein, mein Gott, wie kann man so verfressen sein. Ich meine diesen … Nun riech doch mal … diesen ganz seltsamen, eigenartigen Geruch.«

»Nein, tut mir leid. Meine Nase ist aber auch ein bisschen

zu. Gräser sind's glaube ich gerade, die haben jetzt ihre Hauptflugzeit.«

»Aber das riecht so stark, das musst du eigentlich trotzdem merken. Das … Ja, hier, wo kommt das bloß her? Jetzt streng dich doch mal kurz an.«

»Wonach riecht es denn?«

»Es riecht nach … Na ja, ich würde sagen, es riecht nach … Also doch, mhm, man kommt vermutlich nicht umhin zu sagen, dass es so riecht wie …«

»Wonach denn nun? Raus mit der Sprache. Du brichst dir doch sonst nicht so einen ab.«

»Warte, lass erst die Leute vorbeigehen. Da sind Kinder dabei.«

»Wie bitte? Hast du einen Sonnenstich? Sagst du mir jetzt endlich, wonach es hier riecht? Oder machst du extra so ein Geheimnis draus?«

»Nun, nicht für jeden Menschen sind ja alle Gerüche gleich. Aber wenn man mich ganz ehrlich nach meiner Meinung fragen würde, dann müsste ich wohl sagen … Doch, ich meine, es riecht eindeutig nach …«

»Ah, halt, jetzt riech ich's auch.«

»Tatsächlich?«

»Ja, klar, ist ja kaum zu überriechen. Und du hast gar keine Ahnung, woher das kommt?«

»Nein, ich … nicht den blassesten Schimmer. Wieso schaust du dich so um?«

»Na, weil er hier doch irgendwo stehen muss.«

»Himmel, du glaubst tatsächlich, dass …«

»Nein, nicht da in den Büschen, du Hornvieh. Ich dachte, du bist der große Hobbybiologe. Und dass du so verklemmt bist, war mir bisher auch nicht aufgefallen. Dort, da drüben, da haben wir doch schon den Schuldigen.«

»Der hohe Baum da mit den gefiederten Blättern und den lindenartigen Blüten? Kommt mir irgendwie bekannt vor. Was ist das gleich noch für einer?«

»Na, den kennt doch jeder. *Ailanthus altissima,* bei Gärtnern besser bekannt und gefürchtet als Götterbaum. Jeder, der im Sommer an einem blühenden männlichen Exemplar vorbeigeht und nicht ganz auf die Nase gefallen ist, nennt ihn aber Spermabaum.«

Ich muss zugeben, dass ein Teil dieser Szene geflunkert ist. Ich hatte früher schon einen Spermabaum auf dem Weg zu meiner Schule, und wenn mich meine Erinnerung nicht täuscht, haben wir ihn auch damals schon so genannt. Jetzt stehen gleich mehrere Exemplare in dem Park, durch den ich jeden Morgen zur Arbeit laufe – fast könnte man meinen, ich werde von den verdammten Dingern verfolgt. Dass es der Götterbaum ist, der im Sommer diese ganz spezielle Note verbreitet, habe ich allerdings wirklich erst bei den Recherchen zu diesem Buch herausgefunden.

So habe ich zum Beispiel von der Kanadierin Lorraine Johnson erfahren, die in gewisser Weise meine Leidensgenossin ist. Zwar wurde sie nicht auf dem Weg zu Schule und Arbeit, dafür aber bei jedem Umzug in ihrer Heimatstadt Toronto von dem seltsamen Geruch belästigt. Zum Glück kennt sie sich mit Pflanzen gut aus und hat irgendwann begriffen, dass immer irgendwo ein Götterbaum in der Nähe ihres Heims stand – zuletzt sogar ausgerechnet direkt vorm Schlafzimmerfenster. »Göttlicher Baum mit anrüchigem Charakter« hieß die lustige Story dazu im *Toronto Star*, mit der endlich das verschämte »Schweigen« über die fragwürdigen Ausdünstungen dieses weitverbreiteten Stadtbaums gebrochen werden sollte.

Denn tatsächlich sind Lorraine und ich keineswegs die Einzigen, die sich immer wieder heimlich gefragt haben, wer oder was nun genau für die eigenartige Duftnote verantwortlich ist. »Auf der Suche nach dem Spermabaum« war zum Beispiel schon vor einer ganzen Weile meine deutsche Sachbuchkollegin Kathrin Passig in einer herrlich unverschämten Kolumne in der *taz*, in der sie von ihren verwirrenden Geruchserlebnissen in den Straßen Berlins berichtete. Aus Gründen, zu denen wir noch kommen, ist der Götterbaum hier besonders stark vertreten. Doch wirklich dingfest konnte die Autorin ihn erst im Botanischen Garten machen. In der Fragespalte eines beliebten amerikanischen Stadtmagazins dauerte die Suche nach den »Spermabäumen von Los Angeles« sogar mehr als zehn Jahre, bis auch hier der Mitarbeiter eines örtlichen Arboretums die eingesendeten Proben einem Götterbaum zuordnete. Als mögliche andere Kandidaten wurden Kastanien, Johannisbrotbäume und Ligusterhecken genannt. Und als noch schlimmer in der Hinsicht gilt in den USA inzwischen eine besondere Zuchtform der Chinesischen Wildbirne – wie man leicht überprüfen kann, wenn man sich traut, die Begriffe »sperm tree«, »semen tree« oder »jizz tree« zu googeln.

Dass das Ganze auch keineswegs nur auf die wild wuchernden Assoziationen unseres enthemmten Internetzeitalters zurückgeht, sieht man, wenn man ein bisschen in älteren Informationsquellen sucht. Schon der berühmte Botaniker René Desfontaines, der den Götterbaum als einer der Ersten beschrieb, ließ sich ganz unbefangen darüber aus, wie sehr bei diesem und anderen Bäumen der Geruch des Blütenstaubs dem des männlichen Samens gleicht. Für den zur Zeit Napoleons lebenden französischen Gelehrten war das noch Ausdruck der tiefen Verbundenheit von Pflanze und Mensch. Heute wird meist schnöde auf ähnliche Ammoniakkomponenten verwiesen. Auf diese, so der für Männer wenig schmeichelhafte Hintergrund, greifen Bäume gerne zurück, wenn sie statt Bienen andere Bestäuber zu ihren Blüten locken wollen – wie etwa Käfer oder Fliegen.

Bevor weibliche Leser jetzt hämisch grinsen, sei allerdings an ihre Schwestern aus der Gattung der Ginkgobäume erinnert. Sobald diese im Herbst ihre mirabellenartigen Früchte tragen, umwehen sie vielleicht keine irritierenden Schlafzimmerdüfte, dafür aber unverkennbare Noten von Aas und Erbrochenem. Ich sollte es wissen, denn auch mehrere dieser uralten Bäume mit den archaischen Fächerblättern säumen meinen Arbeitsweg, und ich verzeihe ihnen ihren erbärmlichen Gestank immer erst, wenn sie im Spätherbst das triste Grau mit leuchtenden Gelbtönen aufhellen. Die Theorie zu dieser Duftnote ist noch unappetitlicher als die mit den Fliegen: Der als lebendes Fossil bekannte Baum, glaubt man, könnte so auch heute noch versuchen, fleischfressende Dinosaurier zu mir in den Park zu locken. In weniger toleranten Städten als meinem heimischen Wiesbaden werden weibliche Ginkgos deshalb regelmäßig gefällt, sobald sie mit der ersten Fruchtreife zu Stinkgos werden. In der altehrwürdigen Anlage im Herzen der hessischen Landeshauptstadt, durch die mein Arbeitsweg führt, dürfen jedoch auch Nilgänse alle freien Flächen in eine Geflügelfarm verwandeln, kreischende Sittichhorden den Luftraum kontrollieren und clevere Raben und

Waschbären die Mülleimer plündern. Da können wir über ein paar nicht ganz geruchskonforme Urzeitpflanzen nur müde lächeln.

Auch im Geruch von Götterbäumen werden nicht nur Schlafzimmernoten erkannt. Während sich viele Ratgeberseiten und Baumschulen aus naheliegenden Gründen um eine genaue Beschreibung drücken, wird er anderswo mit schlechtem Atem, ranziger Erdnussbutter und alten Sportsocken in eine Schublade gesteckt. Auch in China, wo der Götterbaum herkommt, wird er »Stinkbaum« genannt. Um genau zu sein, wird er dort oft zusammen mit dem sehr ähnlich aussehenden Surenbaum erwähnt, der wie er als »Frühlingsbaum« bekannt ist. Der Grund dafür ist nicht, dass die Bäume den Frühling ankündigen, sondern dass sie aufgrund ihrer späten Blüte als sicheres Zeichen gelten, dass er nun auch wirklich bleibt. Der Surenbaum heißt dabei »duftender Frühlingsbaum«, der, der in meinem Park gelandet ist, hingegen »stinkender Frühlingsbaum«. Ausschlaggebend ist in diesem Fall jedoch weniger der Geruch der Blüten als der von Rinde und anderen Pflanzenteilen, die bei beiden Bäumen in der chinesischen Heilkunst genutzt werden. Beim Surenbaum hat die Rinde einen hübschen rötlichen Ton und duftet so angenehm, dass man junge Triebe des Baums sogar als Gewürz verwendet. Beim Götterbaum – also dem in meinem Park – ist die Rinde ockergrau, riecht ekelhaft und enthält genau wie die Blätter einen extrem bitteren Stoff, der in größeren Mengen Vergiftungserscheinungen auslöst.

Womit wir schließlich bei den Eigenschaften angekommen wären, die den Götterbaum noch problematischer machen als sein bloßer Duft. Denn der von China aus in die ganze Welt verpflanzte Baum kann nicht nur grausam riechen. Er besetzt auch grausam schnell neue Standorte, verteidigt diese auf grausame Weise gegen andere Pflanzen und ist grausam schwer wieder loszuwerden. Dabei benutzt er Methoden, die ihn zu einer Art natürlichem Frankenstein aus anderen bösen Bäumen machen – nämlich der Buche, der Walnuss und dem als Überlebenskünstler bekannten Eukalyptusbaum.

Und er ist damit so erfolgreich, dass er laut einem 2019 erlassenen Verbot der erste und bisher einzige Baum ist, der in der EU auf keinen Fall mehr irgendwo verkauft oder gepflanzt werden darf.

Ein Baum wächst in Brooklyn. Manche nennen ihn Himmelsbaum. Egal wo seine Samen landen, sie werden zu einem Baum, der sich nach dem Himmel streckt. Er wächst auf verlassenen Grundstücken und verwaisten Müllhalden. Er reckt sich aus Kellergittern. Er ist der einzige Baum, der aus Beton emporsprießt. Er wächst üppig … überlebt ohne Sonne, Wasser, allem Anschein nach Erde. Er würde als hübsch gelten, gäbe es nur nicht so viele davon.

Diese poetischen Zeilen (die schöner sind als alles, was Sie von mir erwarten dürfen) haben in den USA Betty Smith und mit ihr den Götterbaum unsterblich gemacht. In dem Roman *Ein Baum wächst in Brooklyn,* der vor Kurzem auch in Deutschland wieder aufgelegt wurde, beschreibt die Tochter deutscher Einwanderer ihre harte Kindheit im New York der 1910er-Jahre. Der schon damals allgegenwärtige Götterbaum, der im Englischen *tree of heaven,* also Himmelsbaum, heißt, dient dabei als Symbol, dass man trotz widriger Umstände sei-

nen Weg gehen kann. Das Buch war ein Bestseller, wurde für den Pulitzerpreis nominiert und gewann in der Verfilmung von Elia Kazan einen Oscar.

Fragt man heute Amerikaner nach dem Baum, finden sie jedoch längst nichts mehr poetisch an ihm – selbst wenn sie ebenfalls von deutschen Einwanderern abstammen und das Buch in der Schule gelesen haben. Besonders bei den Gartenbesitzern unter ihnen gilt der Himmelsbaum mittlerweile eher als Höllenbaum. Sogar unter Städtern trägt er unschöne Namen wie »Unkrautbaum« oder »Ghettopalme«.

Dabei fängt alles so gut an. Mitte des 18. Jahrhunderts verschickt ein französischer Missionar Samen des Götterbaums von China nach Paris, von wo sie zu Botanikern und Hobbygärtnern in England gelangen. Nicht viel später stolpert der deutsche Pflanzenforscher Friedrich Ehrhart in einer holländischen Baumschule über einen prächtigen Götterbaum, den er allerdings mit einem chinesischen Lackbaum verwechselt. Erst dem bereits erwähnten René Desfontaines gelingt eine bessere Einordnung, und er ist es auch, der dem Gewächs zu seinem edlen Namen verhilft. Abgeleitet von dem Begriff, den die Bewohner der damaligen Gewürzinseln für eine nah verwandte Art verwenden, gibt er ihm den Gattungsnamen *Ailanthus,* was so viel wie »Baum des Himmels« oder »Baum der Götter« bedeutet. Die Einheimischen nennen ihren Baum so, weil er mit seinen Wipfeln das Firmament zu berühren scheint. Zugleich gibt es in ihren Sagen einen Baum, der wie die nordische Weltesche von der Unterwelt bis in den Himmel reicht. Himmelsbaum wird fortan auch der aus China eingeführte *Ailanthus altissima,* also der »höchste« dieser Bäume, meist im Westen genannt, dabei passt der deutsche

Götterbaum unter vernachlässigter Bahntrasse: Weil er praktisch überall wächst, hat der Baum seinen eigenen Bestseller.

»Götterbaum« eigentlich besser. So nannten nämlich schon die alten Dichter Chinas das Gewächs, bevor es irgendwann zum »Stinkbaum« wurde.

Ob himmlisch oder göttlich, in den großen Städten des Okzidents ist der Baum jedenfalls ein voller Erfolg. Er wächst schnell in fast jeder Art von Boden, bildet ein schönes Blätterkleid, und weder Hitze, Schmutz, Schädlinge oder Abgase scheinen ihm etwas anhaben zu können. Mitte des 19. Jahrhunderts säumt er nicht nur in Paris und Rom, sondern auch in amerikanischen Metropolen wie New York, Boston und Philadelphia überall die Promenaden. Der »himmlische Baum« wird er genannt, und auch auf Landsitzen und in Vororten ist er als Zierpflanze und Schattenbaum sehr gefragt. Andrew Jackson Downing, der berühmteste Landschaftsgärtner jener Zeit, schwärmt von den Märchen aus dem »Land der Blüten«, die der fernöstliche Importschlager einem abends zuzuflüstern scheint, und empfiehlt ausgerechnet die Pflanzung stattlicher männlicher Exemplare, die mit ihren mandelförmigen Blättern einen so »aparten Kontrast« zu anderen Bäumen bilden. Die Baumschulen reiben sich die Hände und schaffen es nur aufgrund der ungewöhnlich starken Neigung der Bäume, aus ihren Wurzeln neue Schösslinge auszutreiben, mit der boomenden Nachfrage mitzuhalten.

Es dauert allerdings nur wenige Jahre, und der amerikanische Gartenguru schlägt ganz andere Töne an. »Nieder mit *Ailanthus*!«, ruft er nun im Leitartikel seiner einflussreichen Zeitschrift *The Horticulturist* aus. Nachdem sich der vermeintlich himmlische Baum überall in den USA ausgebreitet habe, zeige er schließlich sein wahres Gesicht: Wie ein diebischer Emporkömmling habe er das Land der Freiheit an sich gerissen, verpeste jetzt mit seinem fauligen Atem die Luft und verschlinge mit seinen gierigen Wurzeln die Erde. Hinter dem hübschen Äußeren des Baums, so der New Yorker Pflanzenpapst, verberge sich die »angeborene Tücke der Asiaten«. Über so viele miese Tricks verfüge das scheinbar harmlose Gewächs, dass selbst die Chinesische Mauer nicht reichen würde, um seinem Eroberungsdrang Einhalt zu gebieten.

Dass der aus dem Reich der Mitte stammende Baum plötzlich so viel Hass auf sich zieht, hat sicher auch mit den politischen Spannungen zu tun, die damals aufgrund des Ersten Opiumkriegs zwischen China und dem Westen herrschen. Selbst weniger patriotisch gesinnten Beobachtern fällt allerdings auf, dass man sich mit dem Götterbaum alles andere als ein Geschenk des Himmels ins Land geholt haben könnte. Von seinem bescheidenen Dasein als Ziergewächs sagt er sich los und sucht überall nach neuen Entfaltungschancen. In den Städten findet er sie entlang von Hauswänden, Bürgersteigen und Brücken. Außerhalb säumt er bald die von seinen Landsleuten erbauten Schienen und Straßen. Kein anderer chinesischer Baum verbreitet sich so erfolgreich im Land der unbegrenzten Möglichkeiten, und als Betty Smith ihm 1943 ein literarisches Denkmal setzt, denken nicht nur Einwanderer, er würde schon immer dazugehören. Identifizieren will sich trotzdem bald niemand mehr mit ihm, denn aufgrund seiner Vorliebe für Brachen und vernachlässigte Viertel gilt er zunehmend als »Ghettopalme«. Wie Betty Smith es so einfach gesagt hat, scheint er »arme Leute zu mögen« – ob im damaligen Brooklyn oder dem heutigen Detroit und anderen abgehängten Industriestandorten.

Andere Arten von Unglück ziehen den fiederblättrigen

Gott aus Fernost ebenfalls magisch an – womit wir nach dem langen botanischen Ausflug nach Übersee zu den deutschen Erfahrungen mit ihm gelangen. Hierzulande ist er zunächst ein gern gepflanzter Favorit des preußischen Gartenkünstlers Peter Joseph Lenné, dessen Handschrift heute noch viele große Parks in Berlin und Potsdam tragen. So richtig um sich greift er dort und anderswo jedoch erst, als der Zweite Weltkrieg überall klaffende Lücken im Stadtbild hinterlässt. Selbst als sich diese im Zuge des Wiederaufbaus wieder schließen, findet er am Rand von Mauern, Wegen und Straßen überall seine Nischen. Heute ist er in Städten wie Berlin, Dresden und Köln so verbreitet, dass man in manchen Vierteln seinem sommerlichen Duft kaum entkommen kann. Zugleich stößt er wie in den USA entlang von Autobahnen, Bahngleisen und Flüssen immer mehr in die freie Natur des Umlands vor – und zwar auf Kosten weniger himmlischer, seinem göttlichen Geltungsdrang unterlegener Arten.

Was wie in allen anderen Kapiteln wieder zur zentralen Frage dieses Buches führt: Warum ist dieser böse Baum so grausam gut in dem, was er tut – was macht ihn als kriminelles Gewächs so mörderisch erfolgreich? Wie angekündigt liegt der Grund in einem Mix aus vielen üblen Eigenschaften, von denen wir einige bereits kennen.

So stark wie blühende männliche Götterbäume nach Samen riechen, ist es vielleicht kein Wunder, dass sich aus den Blüten weiblicher Exemplare extrem viele Samen entwickeln. Mehr als 300.000 bilden sich im Durchschnitt pro Jahr. Bei besonders produktiven Bäumen können es sogar mehr als eine Million sein. Bei den Samen handelt es sich wie bei

Ulme oder Ahorn um sogenannte Flügelnüsse, die am meisten den papierartigen Blättchen unserer heimischen Esche ähneln, aber spitzer zulaufen und den eigentlichen Samen deutlich sichtbar in der Mitte tragen. Wie bei der Esche reifen die Samenblättchen von Sommer bis Herbst und bilden dicke, manchmal rötlich gefärbte Büschel. Beide Baumarten tragen diese Büschel auch weiter, wenn ihre Äste im Winter kahl werden, und sind dann leicht daran zu erkennen.

Eschen werfen ihre Samen jedoch im Laufe der kalten Jahreszeit ab, bei Götterbäumen bleiben sie meist bis zum nächsten Frühling hängen. Werden die in sich verdrehten Propellerchen schließlich vom Wind von den Ästen geweht, können sie über 200 Meter fliegen. Am Boden oder in Flüssen, Bächen und Rinnsteinen geht die Reise dann oft noch weiter. Selbst nach mehreren Monaten im Wasser bleiben die Samen keimfähig und sind es generell wohl für Jahre. Anders als zum Beispiel die Samen von Eschen haben sie keine eingebaute Keimruhe, die das Aufgehen im Winter verhindern soll, und nachreifen müssen sie auch nicht. Finden sie ein nur halbwegs geeignetes Plätzchen, können sie bei genug Wärme sofort beginnen, in rasender Geschwindigkeit in den Himmel zu wachsen.

Im Kapitel über die Buche habe ich diese als »Kriegerin des Lichts« bezeichnet, doch eigentlich ist sie eher eine »Kriegerin des Zwielichts«, die vor allem im Schatten des Waldes schneller wächst als ihre Rivalen. An offenen Standorten wie Brachen, Baustellen, Böschungen oder Betonparkplätzen hätte sie gegen den Götterbaum keine Chance. In nur einem Jahr schießen frisch gekeimte Bäumchen zu einer Höhe von bis zu zwei Metern auf. Ableger von Wurzeln oder Stümpfen (zu denen wir gleich kommen) sollen in derselben Zeit sogar die doppelte Höhe erreichen. In den USA ist man der Meinung, dass zumindest in dieser Hinsicht der Himmelsbaum seinem Namen alle Ehre macht und kein anderer Baum mit ihm mithalten kann. Für Europa gilt wohl dasselbe.

Damit die himmlische Saat aufgeht, genügt schon ein kleiner Spalt im Gehweg. Denn solange es genug Licht gibt, sind dem Götterbaum fast alle anderen Standortfaktoren schnuppe. Er gedeiht in sauren, steinigen, schlammigen und von der Sonne ausgedörrten Böden. Selbst Streusalz, Schwermetalle und durch die Luft wabernde Schwefeloxide machen ihm nichts aus. Er wird deshalb gerne zur Renaturierung von Minengruben gepflanzt, und damit ihm auch wirklich nirgends ein anderer Baum seinen Rang als Himmelsbaum abläuft, vergiftet er den Boden gleich mit. Wie die Walnuss aus Kapitel zwei ist er ein aktenkundiger Allelopath und macht genau das, wovon wir oft denken, dass nur wir es der göttlichen Natur antun: Er verseucht sie mit chemischen Pestiziden.

Heißt das Gift der Gattung *Juglans* Juglon, so heißt jenes der Gattung *Ailanthus* Ailanthon, und es unterscheidet sich nur wenig in der Wirkung. Es gehört zur Stoffgruppe der Quassinoide, ungewöhnlich bitteren Verbindungen, die nur beim Götterbaum und seinen Verwandten vorkommen und ihm bei uns den Zweitnamen »Bitteresche« eingebracht haben. Quassin, das bekannteste Quassinoid, ist noch fünfzigmal bitterer als Chinin, das Extrakt der Chinarinde, dessen Geschmack wir aus »Indian Tonic Water« kennen. Versüßt mit Zucker und einem Schuss Gin tranken britische Soldaten das chininhaltige Wasser einst, um sich in den indischen Kolonien gegen Malaria zu schützen. Heute gehört der so entstandene

Gin Tonic auch in von Malaria wenig betroffenen Gebieten zu einem der beliebtesten Abendgetränke.

Das Quassinoid Ailanthon ist in Blättern und Rinde, vor allem aber in den Wurzeln von Götterbäumen enthalten. In der chinesischen Medizin werden aus diesen Pflanzenteilen hergestellte Pulver und Extrakte zur Behandlung von Fieber, Asthma und Epilepsie eingesetzt. Ebenso dienen sie – was vielleicht wenig überrascht – zur Behandlung von vorzeitiger Ejakulation, krankhaftem Samenfluss und feuchten Träumen. Auf Pflanzen haben die Auszüge, und vor allem Ailanthon, jedoch weniger heilsame Wirkung. In Versuchen brachten sie die Keimlinge von Gräsern, Kresse und allen möglichen Unkräutern konsequent zum Verkümmern. Wie das Gift der Walnuss gilt deshalb auch Ailanthon als mögliches Mittel zur natürlichen Schädlingsbekämpfung. Noch mehr als Juglon scheint es vor allem über die Wurzeln ins Erdreich zu gelangen, und in älteren Experimenten zeigte es auch gegen viele Laub- und Nadelbäume Wirkung. Wie stark diese wirklich leiden, hängt wohl stark vom Boden ab. Anders als der schöne Baum aus meiner Kindheit verschont der Götterbaum bei seiner grausamen chemischen Kriegsführung auch wenigstens die eigenen Kinder.

Das wiederum werden Gartenbesitzer und Mitarbeiter von Grünflächenämtern nicht gerne hören: Denn genau diese Kinder des Himmelsbaums sind es, die ihnen das Leben oft zur Hölle machen! Götterbäume wachsen nicht nur über der Erde ungewöhnlich schnell. Auch unterirdisch strecken sie rasch ihre Wurzeln in alle Himmelsrichtungen. Wie bei vielen Bäumen reicht bei erwachsenen Exemplaren die senkrechte Pfahlwurzel selten tiefer als zwei Meter. So lang können die seitlichen Wurzeln allerdings schon bei nur zweijährigen Götterbäumchen sein. Die längste an einem erwachsenen Baum entdeckte Seitenwurzel maß fast 30 Meter. Auch das ist nicht so ungewöhnlich; auf der Suche nach Wasser und Nährstoffen gehen viele Wurzeln lange Wege. Nur: Der Götterbaum hat dabei noch anderes im Sinn. Wie die Eukalypten aus Kapitel fünf kann er unten am Stamm Seitensprosse bilden, aus denen neue Bäume werden. Wie manche anderen Pyrophyten hat er die Anlagen dafür aber ebenso in seitlich verlaufenden Wurzeln, sodass er auch aus diesen neue Bäume hervorbringen kann.

Zu dieser Form der rein vegetativen, also asexuellen Vermehrung sind viele unserer heimischen Bäume ebenfalls fähig, besonders wenn ihr Stamm verletzt oder abgesägt wird. Die vom Stamm ausgehenden Triebe heißen dann Stockausschlag, die aus der Erde wachsenden Schösslinge Wurzelbrut. Der Götterbaum ist für diese Art der pflanzlichen Jungferngeburt jedoch besonders berüchtigt. Zudem setzt er das Aus-

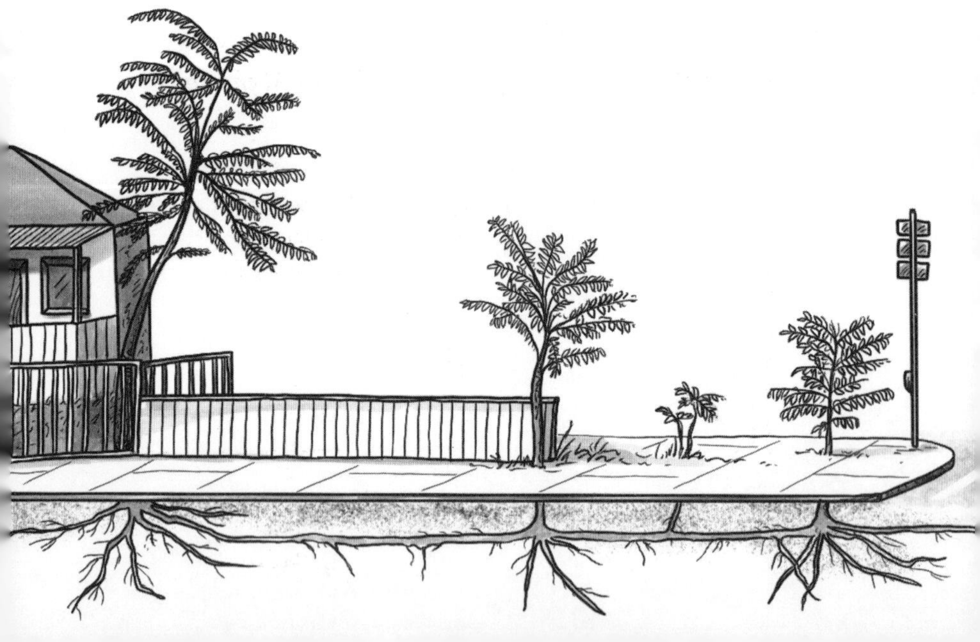

bilden von Wurzelsprossen nicht nur als Notbehelf, sondern auch zur normalen Ausbreitung ein.

In der Praxis bedeutet das, dass ein plötzlich aus einer Verkehrsinsel sprießender Götterbaum entweder als Same von Wind und Wasser dort in eine Ritze getragen wurde. Oder auf der anderen Straßenseite steht ein grinsender Götterbaum, der seine Wurzeln unter dem Asphalt ausstreckt. Städtische Gärtner säbeln die vorwitzigen Wurzelkinder dann treuherzig ab, gleich ob sie an Verkehrsadern, Spazierwegen, Bahndämmen oder Uferböschungen auftauchen. Doch die hartnäckigen Dinger kommen zurück und werden immer mehr – gerade wenn man ihnen den Garaus macht! Frisch befreite Flächen stehen bei der nächsten Kontrolle schon wieder komplett voll mit gefiederten Bäumchen, die nach jedem Schnitt nur umso üppiger und buschiger gedeihen. Wie bei der vielköpfigen Hydra aus den griechischen Göttersagen wachsen für jeden abgehackten Stamm gleich mehrere nach. In manchen deutschen Parks werden sie drei- oder viermal im Jahr zurückgeschnitten, trotzdem kriegt man sie nicht unter Kontrolle.

In deutschen Gärten sieht es nicht anders aus. Unter der Überschrift »Hände weg vom Götterbaum – er macht teuflischen Ärger« schilderte zum Beispiel im *Hamburger Abendblatt*

Wo ein Götterbaum steht, stehen bald mehrere: Auf die Zeugungskraft des chinesischen Himmelsstürmers wäre wohl selbst der griechische Göttervater Zeus neidisch.

ein Betroffener seine Leidensgeschichte. Anfangs vom schnellen Wachstum des Exoten begeistert, verbrachte er bald jeden Sommer damit, nach dessen Wurzelausläufern zu suchen. »Dieses Gewächs besser nicht im Garten lassen«, raten deshalb auch einschlägige Artikel und Experten. Doch fällt man es, vielleicht auch wegen des arg wollüstigen Dufts, sprießen wie zum Hohn nur noch mehr jungfräuliche Ableger aus dem Rasen. Diese kann man immer wieder mähen, mit der Hand ausreißen, den Boden umpflügen, den Stumpf zerhacken, ganz ausgraben und mit Unkrautmittel begießen. Die göttliche Brut wird man nicht los, denn sie wächst selbst noch aus kleinen Wurzelstücken. Entfernte Triebe und Wurzeln sollen deshalb auf keinen Fall auf den Kompost. Und wegen der in ihnen enthaltenen Gifte muss man bei allen Schlachten der botanischen Klonkriege auch noch Handschuhe und Schutzbrille tragen. Doch egal wie sehr man sich abrackert und auf neue Attacken achtet: Der vollständige Exorzismus eines einmal in den Garten gelassenen Götterbaums dauert in der Regel viele mühsame Jahre.

Früher wurde deshalb geraten, unbedingt eine Wurzelsperre um die Bäume anzulegen. Inzwischen darf man sie in Deutschland und allen anderen Ländern der EU jedoch gar nicht mehr pflanzen. Zu viele entwischen per Flügelnuss über den Zaun oder durchqueren unterirdisch die Hecke. Draußen verstärken sie die wuchernden Horden der himmlischen »Straßenkinder«, breiten sich immer mehr Richtung Stadtrand aus und erreichen schließlich offenes Gelände. Wie in Windtunneln wirbeln ihre Samen Bahnstrecken und Autobahnen entlang, treiben Flüsse und Kanäle hinab und gründen überall göttliche Gehölze. An lichten Wald- und Feldrändern findet man die gefiederten Exoten schon und – so die Angst – bald auch in natürlichen Auen und Wäldern.

Bisher hatten die pflanzlichen Gotteskrieger wenigstens eine oder, na ja, eigentlich zwei Achillesfersen. Zum einen leben die himmlischen Geschöpfe seltsamerweise nicht lang. Oft schon mit nur 30 oder 50 Jahren – selbst für Menschen eher kurz – beginnen sie einzugehen und innen hohl zu werden wie tönerne Götzenbilder. Vielleicht pflanzen sie sich deshalb wie besessen fort. Doch gerade im jungen Alter haben auch ihre Nachkommen eine schwache Stelle. Sie vertragen keinen Frost, weshalb die ganze Art es bisher kaum geschafft hat, sich außerhalb von städtischen Wärmeinseln wie Berlin dauerhaft zu etablieren.

Der Klimawandel scheint diesen natürlichen Schutz gegen Verwilderung jedoch gerade auszuhebeln. Deshalb steht der Götterbaum seit Sommer 2019 als erstes Gehölz überhaupt auf der sogenannten Unionsliste. Diese Liste enthält die EU-weit gefährlichsten invasiven Tiere und Pflanzen – zu denen unter anderem die bereits mehrfach erwähnten Waschbären und die mich allmorgendlich angackernden Nilgänse gehören. Durch die Aufnahme ist der Götterbaum in der gesamten Union mit einem absoluten Handels- und Pflanzverbot belegt. Zudem sollen sich die Mitgliedsländer Gedanken über eine wirksame Bekämpfung machen.

Gerade rechtzeitig scheint es dafür eine neue Wunderwaffe zu geben: einen in den Stamm injizierten Baumpilz, mit dem man es tatsächlich schafft, den allmächtigen Überlebenskünstler kleinzukriegen. Es gibt jedoch auch Experten, die zu einem gelasseneren Umgang mit dem gar nicht so neuen Neubürger raten. Sie verweisen auf Südeuropa, wo er trotz höherer

Temperaturen kaum in die Natur vordringt, und bringen ihn sogar als »Zukunftsbaum« ins Spiel, der gerade wegen seiner Hitzeresistenz in den Städten von morgen gute Dienste leisten könnte. Auch auf das Potenzial von Ailanthon als natürlichem Herbizid und Krebsmittel wird in diesem Zusammenhang gerne hingewiesen. Sowie, nicht zuletzt, auf die hervorragende Eignung des üppig blühenden Gastes aus Fernost als Bienenweide.

Denn – Sie werden es kaum glauben – aus den Blüten des Spermabaums wird tatsächlich Honig gewonnen. Direkt nach dem Schleudern schmeckt er etwas seltsam, aber nach längerer Lagerung verschwindet die störende Note.

Dann, so die einhellige Meinung von Berliner Stadtimkern, entwickelt der Honig des Götterbaums ein himmlisch intensives Muskatelleraroma.

7 Weiße Vampire im Monsterwald

Es ist hier; ich weiß es jetzt. Bei meiner Wache gestern Nacht hab ich's gesehen, einem Manne gleich, hochgewachsen und dünn, und bleich wie ein Gespenst.

Bram Stoker, *Dracula*

Seinen ersten Geist sieht Zane Moore mit 16. Er hört damals etwas im Radio, was ihm keine Ruhe lässt. Also macht er sich bei der nächsten Gelegenheit von seinem Zuhause im südlich von San Francisco gelegenen San José, der heimlichen Hauptstadt des Silicon Valley, Richtung Küste auf. Hier, am Rand der Santa Cruz Mountains, am Ende eines langen gewundenen Highways, auf dem auch regelmäßig Busse fahren, liegt der Henry Cowell Redwoods State Park.

Der Park ist einer von rund fünfzig, die sich die nördliche Küste Kaliforniens hinabziehen. Ein paar von ihnen sind schon über 100 Jahre alt, und sie wurden alle gegründet, um die letzten natürlichen Bestände an Küstenmammutbäumen zu schützen. Die roten Riesen dominieren seit jeher die großen Küstenwälder des US-Bundesstaats, werden jedoch seit den Zeiten des Goldrauschs regelmäßig gefällt, sodass von den wirklich alten Urwäldern nur fünf Prozent übrig sind. Ein kleiner Teil davon liegt im Herzen des nach einem früheren Waldbesitzer benannten Schutzgebiets.

Fühlt man sich in alten Buchenwäldern wie in Odins Hallen, so haben die meisten Menschen unter Mammutbäumen das Gefühl, durch eine von gewaltigen Säulen getragene Kathedrale zu wandern. Es handelt sich um die größten Bäume der Welt, die mit weit über 100 Metern noch höher werden können als die Rieseneukalypten aus Kapitel fünf. Zugleich gibt es sie länger als Ginkgos, nämlich fast seit den ersten Dinosauriern, an deren übermenschliche Dimensionen sie mit ihren in dicke furchige Rinde gekleideten Mammutfüßen erinnern. In Kalifornien wachsen sie wohl seit mindestens 20 Millionen Jahren, und auch die einzelnen Bäume selbst erreichen ein sehr hohes Alter. Das größte Exemplar im Henry Cowell Park hat einen Durchmesser von fünf Metern und stand schon 1000 Jahre an seinem Platz, bevor Kolumbus den ersten Fuß auf den Kontinent setzte.

Was ebenfalls wie in einer Kathedrale wirkt, sind die Lichtverhältnisse. Mammutwälder gehören zu den dunkelsten Wäldern überhaupt, durch deren hohes Gewölbe aus Nadeln sich nur ab und zu ein Sonnenstrahl verirrt wie durch ein winziges Kirchenfenster. Hinzu kommt der berühmte kalifornische Küstennebel, aus dem die Bäume im Sommer einen großen Teil ihrer Feuchtigkeit beziehen. Wie im alten Horrorklassiker *The Fog* kriecht er vom Meer heran, dimmt weiter das Licht und verteilt überall seine bleichen Schwaden. Zugleich schluckt er zusammen mit dem Bett aus Nadeln und Farnen die Geräusche. Noch tiefer wirken im stillen Zwielicht die mannshohen Höhlen, die manchmal in den Stämmen klaffen, noch eigenartiger die großen Geschwülste, die viele tragen. Wie riesige Tumoren kleben sie an der Rinde, springen vor wie gotische Wasserspeier oder verunstalten den ganzen Fuß mit monströsen Wucherungen. Wollte man in irgendeinem Wald der Welt einem Geist begegnen, es ließe sich wohl kaum ein besserer finden.

Trotzdem irrt Zane Moore bei seiner Suche damals eine ganze Weile vergeblich durch das von schmalen Pfaden, Bächen und dem San Lorenzo River durchzogene Gelände. Was er im Radio gehört hat, war ein Interview mit einem Dozenten des Henry Cowell Parks, in dem dieser von einer seltsamen und höchst seltenen Erscheinung erzählte, auf die man dort stoßen könne. Als Zane es schließlich tut, traut er kaum seinen Augen.

Der Geist steht direkt vor einem der mächtigen Stämme. Wie versprochen ist er fast komplett weiß statt grün und scheint im schummrigen Licht unwirklich zu leuchten. Wie aus Elfenbein oder Knochen geschnitzt wirken die Zweige, als hätte sie jemand heimlich angesprayt oder als sei auf einen einzelnen Baum im Wald Schnee gefallen – der in der Gegend an sich schon ein kleines Wunder wäre. Auch die Konsistenz der ungewöhnlich gefärbten Nadeln ist anders als normal, weicher und wachsartiger, als gehörten sie wirklich zu einer lebenden Leiche. Zane ist mit einem Mammutbaum im Garten aufgewachsen, den sein eigener Großvater einst gepflanzt hat, und kennt den Cowell Park seit Kindesbeinen. Doch so etwas ist ihm noch nicht unterkommen.

Es ist sein erster Albino-Redwood, sein erster weißer Mammutbaum, der von manchen als Geisterbaum bezeichnet wird und den andere einen Vampir nennen. Der Anblick beeindruckt den jungen Kalifornier so stark, dass er – fast wie der eines echten Geists – zu einem gar nicht so kleinen Teil sein Leben verändert.

Heute ist Zane Moore Doktorand für Pflanzenforschung an der University of California in Davis, das nicht weit von San José im Hinterland liegt. Hier hat er gerade gemeinsam mit mehr als einem Dutzend anderer Wissenschaftler zum ersten Mal das komplette Erbgut eines Küstenmammutbaums entschlüsselt, das nicht weniger riesig ist als die Bäume selbst. Mit knapp 27 Milliarden Basenpaaren ist es fast zehnmal umfangreicher als beim Menschen und eins der größten vollständig entzifferten Genome überhaupt.*

Vor der kollektiven Bewältigung dieser Mammutaufgabe hat sich Moore allerdings mit einer ganz besonderen Eigenleistung seine wissenschaftlichen Sporen verdient: Er ist einer der führenden Experten für Albino-Redwoods – also jene geisterhaft aussehenden Bäume, von denen er vor etwas mehr als zehn Jahren zum ersten Mal einen aufgestöbert hat. Mit seiner Forschung hat er sogar dazu beigetragen, dass der gru-

---

* Pflanzen haben zum Teil sehr große Genome, die allerdings anders als etwa jene von Bakterien viel nicht codierende DNA enthalten, die nicht in Proteine übersetzt wird. Als Rekordhalter gilt derzeit eine seltene japanische Pflanze mit fast 150 Milliarden Basenpaaren, auf die man aus dem Gewicht ihrer DNA schließt. Unter den Tieren ist es der entwicklungsgeschichtlich uralte Lungenfisch, dessen 43 Milliarden Basenpaare wie jene des Küsten-Redwoods erst kürzlich mit viel Aufwand sequenziert wurden. Bei Pflanzen sollte noch dazugesagt werden, dass ihre Chromosomen oft nicht nur doppelt im Zellkern vorliegen wie bei uns. Viele haben sie in vierfacher oder – wie der Küstenmammut und das japanische Genwunder – sogar in sechs- beziehungsweise achtfacher Ausführung. Dadurch vervielfacht sich entsprechend die Zahl der Basenpaare.

selige Ruf, der den Gewächsen anhaftet, zumindest ein Stück weit relativiert wurde.

Als Moore seinerzeit das schicksalhafte Interview im Radio hörte, waren gerade mal ein paar Dutzend der eigentümlichen Waldgeister bekannt. Inzwischen haben sie eine große Fangemeinde aus Forschern, Wanderern und Förstern, die fleißig Fotos und Geschichten über die seltenen Bäume zusammentragen. So ist die Zahl der »Geistersichtungen« auf über 500 in ganz Kalifornien gestiegen. Sogar aus dem kleinen Erwitte im deutschen Nordrhein-Westfalen ist ein teilweise weißes Exemplar bekannt – offenbar das einzige, das bisher von außerhalb der USA gemeldet wurde. Sosehr man sich dort allerdings für die Sonderlinge »begeistert«: Wo genau sie in den kalifornischen Küstenwäldern und Nationalparks zu finden sind, wird meist sorgfältig verschwiegen. Auch die wenigen existierenden Verzeichnisse werden eifersüchtig gehütet wie die Karte zu einem Piratenschatz. Zu groß ist die Versuchung, sich ein kleines Souvenir von der spukhaften Begegnung mitzunehmen und ein Zweiglein abzubrechen – was bei zu vielen Eingeweihten dazu führen würde, dass der schöne Spuk schnell wieder vorüber wäre. Selbst dass jemand auf die Idee kommt, einen der Bäume abzusägen, um ihn sich an Weihnachten statt einer weißen Plastiktanne ins Wohnzimmer zu stellen, hält die verschworene Gemeinschaft nicht für ausgeschlossen.

Genau wie solche Plastiktannen (von denen ich während mancher in Übersee verbrachter Festtage etliche bewundern durfte) sehen die spektakulärsten Exemplare der Geisterbäume auch aus. Obwohl es sich um echte Mammutbäume handelt, werden sie nie so groß wie jene Riesen, in deren un-

Freakige Weihnachten: einer der seltsamen Albino-Redwoods in Kaliforniens Küstenwäldern, wo sie auch »Geister des Waldes« genannt werden.

mittelbarer Umgebung sie stets zu finden sind. Sie ähneln eher den jungen, noch von oben bis unten in Nadeln gekleideten Bäumen, die es bei uns ab Ende November in Gartencentern und Baumärkten zu kaufen gibt. Sind sie frisch aufgeschossen, ist vom Stängel bis zu Zweigen und Nadeln alles an ihnen komplett weiß. Dann wirken sie wirklich wie aus Wachs oder Plastik gegossene, vielleicht etwas dürr geratene Tannenbäumchen, die irgendwer zum Spaß im dunklen Wald aufgestellt hat. Werden sie größer, werden Stamm und Zweige braun und holzig, sodass die weißen Nadeln wie frisch gefallener Schnee erscheinen. Dann sehen die Geisterbäume wie struppige Weihnachtsbäume aus und werden auch gerne so genannt. Die größten dieser Exemplare sind mehr als zehn Meter hoch und über 50 Jahre alt.

Zusätzlich gibt es eine ganze Reihe anderer Spielarten. Oft wirken die Albinos eher wie Weihnachtsbüsche, und manche sind nicht weiß, sondern blassgelb oder golden. Noch seltener sind blassgrün schimmernde Albino-Mammutbäume (die dann exakt den Farbton des im Dunkeln leuchtenden Mammutskeletts haben, das ich als Kind besaß). Häufig muss man statt geradeaus auch nach oben schauen, um die seltenen Waldgeister zu entdecken. Viele von ihnen wachsen nicht am Boden als Bäume, sondern sprießen als astartige weiße oder gelbe Triebe aus der grünen Krone der Mammutbäume. Manche der Bäume haben sogar gleich mehrere solcher Äste, was ihrem Nadelkleid ein gesprenkeltes oder scheckiges Aussehen verleiht. Bei ihnen handelt es sich dann allerdings nicht einfach nur um Albinos, sondern um Chimären, also genetische Mischwesen aus weißen und grünen Mammutbäumen. Da ihnen das ohnehin schon riesige Genom ihrer Spezies offenbar nicht genügt, verfügen sie über zwei Sorten Zellen mit jeweils unterschiedlichen Erbanlagen. Diese führen zu der mosaikartig gefärbten Krone, die noch seltener ist als das Vorkommen einzelner Albinobäume oder -äste.

Die ersten Berichte über weiß gefärbte Mammutbäume gab es schon 1866. Später entdeckte ein Reporter gleich mehrere »immerweiße« Exemplare in einer Wagenladung immergrüner Nadelhölzer, die auf den Straßen von San Francisco als Weihnachtsbäume verkauft wurden. In einem seiner Briefe erwähnt der in den 1920ern berühmt gewordene kalifornische Küstenpoet Robinson Jeffers einen von der Postkutsche aus gesichteten Albino, den er schon damals so nannte. Auch der frühe Pflanzenphysiologe George James Peirce und der später in Kalifornien lehrende Forstwissenschaftler Rudolf Becking beschäftigten sich mit den Geisterbäumen. Doch das große Rätsel, das sie der Wissenschaft aufgeben, ist bis heute nicht vollständig geklärt.

Was man inzwischen weiß, ist, dass sie deshalb weiß sind, weil ihnen aufgrund einer genetischen Mutation der Farbstoff Chlorophyll fehlt. Allerdings fängt da das botanische Mysterium eigentlich erst an. Bei Menschen und Tieren kommt eine ähnliche Mutation vergleichsweise häufig vor: Ihnen fehlt das dunkle Körperpigment Melanin, wodurch Haut, Haare oder Fell sehr hell oder weiß sind, während die Augen hellblau oder rötlich sein können. Das ist schon für Menschen kein Spaß: Nicht nur sind sie schlechter vor Sonne und Licht geschützt, auch können sie von ihren Mitmenschen ausgegrenzt werden (weshalb viele den hier so leichthin verwendeten Stempel Albino nicht gerne aufgedrückt bekommen, sondern lieber als »Menschen mit Albinismus« bezeichnet werden). Bei wild lebenden Tieren sind die Folgen oft noch schlimmer, da sie nicht nur von den lieben Artgenossen getriezt werden, sondern zugleich auf ihre meist lebenswichtige Tarnfärbung verzichten müssen.

Für Pflanzen ist ihr grüner Farbstoff aber noch mal essenzieller, weshalb es unter ihnen auch so selten Albinismus gibt. Das sogenannte Blattgrün ist ja im Grunde, was sie überhaupt erst zu Pflanzen macht: Sie brauchen es, um Fotosynthese zu betreiben und mithilfe des Sonnenlichts CO_2 und Wasser in Zucker (und den wiederum für uns lebenswichtigen Sauerstoff) umzuwandeln. Eine Pflanze oder zumindest ein Baum, der das nicht tut, ist nicht bekannt und sollte eigentlich unmöglich überleben können: Schließlich kann er nicht die dazu nötige Energie herstellen.

Oder, wie Zane Moore es so schön auf den Punkt brachte, als er von einem der vielen Journalisten befragt wurde, die mehr über seine Forschung zu dem rätselhaften Baum aus seiner Jugend wissen wollten: »Es dürfte ihn eigentlich nicht geben. Er müsste tot sein, aber er ist es nicht. Genau wie ein Geist.«

In manchen Ländern geht die abergläubische Ausgrenzung von Menschen mit Albinismus so bizarre und grausame Wege, dass einem die Lust vergehen kann, auch nur im Reich der Pflanzen ein einzelnes anders gefärbtes Wesen besonders herauszuheben. Zum Glück glaubt natürlich kein Forscher, Journalist oder Naturblogger, der die Bäume als »Geister«, »Phantome« oder »Zombies« bezeichnet, auch nur eine

Sekunde, dass sie das tatsächlich sein könnten. Die Namen sind nur ein Spiel mit übernatürlichen Vorstellungen, auf die wir wegen ihrer Anschaulichkeit, ihres Unterhaltungswerts oder sogar – wie im Fall von Zane Moore – aus echter biologischer Bewunderung zurückgreifen. Wir kennen ja die wirkliche Erklärung für das Aussehen der Pflanzen: die vom Zufall bestimmte Lotterie der Gene, die nichts mit irgendwelchen Geistern oder anderen Gruselwesen zu tun hat.

Was jedoch immer noch nicht erklärt, wie die Bäume ohne den für sie lebenswichtigen grünen Farbstoff überleben können. Doch auch dafür gibt es eine einfache wissenschaftliche Erklärung: Es handelt sich um »Vampire«.

In den Kapiteln über Eukalypten und Götterbäume haben wir bereits die erstaunliche Fähigkeit zur Regeneration und asexuellen Fortpflanzung kennengelernt, die viele Bäume besitzen. Werden Eukalypten durch Feuer beschädigt, können die meisten Arten an Stamm und Fuß neu austreiben, sodass neue Zweige, Äste oder sogar ganze neue Bäume entstehen. Götterbäume (und auch viele andere Arten) reagieren ebenfalls mit starkem Stockausschlag an der Basis, wenn der Stamm beschädigt oder abgeholzt wird. Sie benutzen sogar den Ausschlag aus den Wurzeln, um jungfräulich gezeugte Abbilder von sich in die Welt zu setzen und sich über diese Klone weiter auszubreiten.

Zu alldem sind Küstenmammutbäume ebenfalls fähig. Auch in Kalifornien brennt regelmäßig der Wald, doch selbst wenn ihre dicke feuerfeste Rinde zerstört wird, können Redwoods aus im Stamm verborgenen Knospen neu austreiben. Ebenso können aus Stammansatz und Wurzeln neue Sprosse und Bäumchen wachsen, und zwar nicht nur als Reaktion auf

Feuer, Windbruch oder Überschwemmung, sondern auch einfach so. Bei älteren Bäumen sprießen die Triebe meist aus den dicken Wucherungen am Fuß, in denen es von schlafenden Knospen wimmelt und die ähnlichen Verdickungen bei Eukalypten und anderen Bäumen entsprechen. Doch auch um den Fuß herum können Tannenbäumchen aus den Wurzeln treiben und bei genügend Licht zu großen Jungbäumen aufschießen. Wie eine treue Leibgarde scheinen sie ihren Erzeuger zu bewachen, warten in Wirklichkeit aber nur wie die Buchen in Kapitel vier auf ihre Chance, ihm und ihren Geschwistern über den Kopf zu wachsen. Stirbt der Altbaum in der Mitte, entstehen so oft große Kreise aus Mammutbäumen, die trotz ihrer riesigen Dimensionen wie bei Pilzen »Feenringe« genannt werden. Werden Küsten-Redwoods gefällt, sprießen ebenfalls sofort neue Klone ringsum aus dem Boden; seit der großflächigen Nutzung durch den Menschen ist das sogar ihre vorrangige Ausbreitungsmethode.

All diese vegetativ erzeugten Triebe werden anfangs von ihren Eltern ernährt und wachsen so am Boden sogar schneller als normal gekeimte Schösslinge, die nur die Nährstoffe in ihrem Samen als Vorrat haben. Allerdings bilden sowohl die aus der Stammbasis als auch die aus den Wurzeln hervorgegangenen Triebe bald eigene Wurzeln, um selbstständig Wasser und Mineralien aus der Erde aufzunehmen. Ebenso betreiben sie praktisch vom ersten Tag an mit ihren grünen Nadeln Fotosynthese, um eigenständig den für sie lebenswichtigen Zucker zu erzeugen. Aus diesem ziehen sie nicht nur Energie, um ihre vielfältigen inneren Prozesse anzutreiben, sondern bauen daraus die für ihr Wachstum nötige Zellulose und andere Stoffe.

Albinotriebe entstehen und wachsen mehr oder weniger auf dieselbe Weise wie solche »normalen« grünen Triebe. Nur zur Fotosynthese sind sie mit ihren weißen Nadeln nicht fähig. Und das sollte eigentlich von Anfang an ihr Todesurteil bedeuten.

Zwar bilden Mammutbäume große unterirdische Netzwerke aus verbundenen Wurzeln und symbiotischen Pilzgeflechten, die sie oft zu einer Art Kollektivorganismus machen. Kommt mit dem kalifornischen Winter die kühle und sonnenarme Jahreszeit, werden über dieses »soziale Netz« auch Nährstoffe ausgetauscht und schwächere Teile unterstützt. Beginnt im Sommer wieder die aktive Wachstumsphase, ist es mit der Solidarität jedoch vorbei. Dann muss nicht nur jeder Baum, sondern sogar jeder einzelne Ast, Zweig und Trieb für sich selbst sorgen. Wer jetzt nicht per Fotosynthese Leistung bringt, darf auf keine weitere Unterstützung hoffen. Werden im folgenden Herbst dann die Ressourcen wieder knapper, werden nicht nur ähnlich wie bei laubabwerfenden Bäumen jede Menge braune Nadeln abgestoßen. Auch ganze vertrocknete Zweige trudeln regelmäßig aus dem Kathedralengewölbe. Am Boden gehen ungünstig gelegene oder von ihren Kameraden überschattete Bodentriebe wieder ein, bevor das Leben richtig begonnen hat.

Überleben tun eigentlich nur die tüchtigsten Teile des Ganzen, also jene, die nicht nur genug Wasser und Mineralien aufnehmen, sondern auch mithilfe des Lichts genug Kohlenhydrate herstellen. Und von den am Boden wachsenden Bäumchen haben eigentlich auch nur jene eine Chance, zu einem etwas größeren Baum zu werden.

Das Merkwürdige an den Albino-Redwoods ist, dass das

bei ihnen nicht zutrifft. Sie können ja keinen eigenen Zucker herstellen, sind also selbst im Sommer voll auf die süße Unterstützung ihres Elternbaums oder die Almosen des sozialen Netzwerks angewiesen. Und anders als sonst üblich kommen sie auch weiter an diese lebenswichtige Unterstützung heran. Zwar bleiben sie stets etwas schwächlicher als ihre grünen Geschwister, werden im Winter und bei sommerlicher Trockenheit schneller braun, und manche gehen tatsächlich nach einem Sommer blassen Herumkrebsens im Herbst wieder ein. Andere jedoch schaffen es trotz ihres grundlegenden Mankos, nicht nur zu hohen Büschen, sondern zu richtigen, höchstens leicht buschig geratenen Bäumen anzuwachsen. Über viele Jahre und manchmal Jahrzehnte hinweg, und das alles ohne ein Gramm selbst hergestellten süßen Lebensstoffs. Das meinte Zane Moore damit, als er sagte, es dürfte die weißen Mammutbäume eigentlich nicht geben: Sie sind wie Geister, die sich über die grundsätzlichen Regeln ihrer Existenz hinwegsetzen.

Die einzigen Pflanzen, die sonst dazu in der Lage sind, sind Parasiten. Diese Lebensweise, bei deren strenger Auslegung Pflanzen andere nicht nur als Kletterhilfe nutzen wie die Würgefeige aus Kapitel eins, sondern wie tierische Blutsauger gezielt von ihren Säften zehren, ist im Pflanzenreich nicht selten. Laut jüngster Schätzung ernähren sich knapp 5000 Arten von Blütenpflanzen auf irgendeine Weise von anderen, was immerhin mehr als einem Prozent aller bekannten Arten entspricht. Wie wir in den nächsten Kapiteln erfahren werden, bilden Bäume keine Ausnahme – allerdings betätigen sie sich normalerweise höchstens als sogenannte Halbschmarotzer, das heißt sie betreiben zusätzlich zur Schnorrerei mittels Blattgrün Fotosynthese. Waschechte Vollschmarotzer, die überhaupt nichts zum eigenen Auskommen beitragen, sind eigentlich nur unter den übrigen, in der Regel kleineren Blütenpflanzen bekannt.

Da ist zum einen der Fichtenspargel, ein bleicher Vetter des Heidekrauts, auf den man auch in Deutschland im Frühsommer im Wald stoßen kann. Wie eine wächserne Mischung aus Spargel, Pilz und Glockenblume ragt er an dunklen Stellen aus dem Boden und trägt in einer noch fahleren amerikanischen Spielart den Namen »Geisterflöte«. Wie die kalifornischen Geisterbäume besitzt er kein Chlorophyll und ernährt sich deshalb ausschließlich, indem er am symbiotischen Wurzelpilz der umstehenden Bäume schmarotzt. Mit derselben Methode bringt es seine nahe Verwandte *Pterospora andromedea* fast auf Baumhöhe und schießt in den Wäldern des amerikanischen Westens wie die außerirdische Version eines Fingerhuts aus dem Unterholz. Ähnlich rötlich gefärbt und noch imposanter ist die auf Borneo und Sumatra heimische Riesenrafflesie: Eigentlich nicht mehr als ein schmarotzendes Geflecht im Innern von Lianen, bildet sie die größte Blüte der Welt, die nicht nur die Farbe und fleischige Konsistenz, sondern auch den Geruch von Aas imitiert. Bestäubt wird sie folgerichtig von Aasfliegen (die, das nur nebenbei, ebenfalls schon an den eigentümlich riechenden Blüten von männlichen Götterbäumen gesichtet wurden).

In diese anrüchige Gesellschaft werden auch Albino-Redwoods gerückt. Zwar müffeln sie nicht und strecken nicht wie manche Parasiten aktiv die Wurzeln nach einem fremden Wirt aus, sondern sind quasi von Geburt an auf natürliche Weise mit ihm verbunden. Doch gelingt es ihnen irgendwie, sich ohne Gegenleistung dauerhaft aus dem Netzwerk ihres

Auch in deutschen Wäldern spukendes Waldgeistchen: Weil er kein eigenes Blattgrün hat, zapft der Fichtenspargel die Nachbarbäume an.

Erzeugers und anderer grüner Mammutbäume zu bedienen. Deshalb betrachten selbst Wissenschaftler sie in funktioneller Hinsicht meist als Parasiten. Und weil es so schön mit ihrem geisterhaften Teint zusammenpasst, werden daraus in populären Darstellungen wie dieser hier schnell »Vampire«, »Vampirbäume« oder »blutsaugende Redwoods«. Die, monströser geht es kaum, dazu noch den Lebenssaft der eigenen Eltern anzapfen.

»Schnorrer« nennt selbst ein örtlicher Historiker die weißen Bäume im Henry Cowell Redwoods State Park und vergleicht sie mit blassen 40-Jährigen, die keinen Job haben, sich weiter von ihren Eltern durchfüttern lassen und in ihrem alten Kinderzimmer schlafen. Besonders schmerzlich dabei für die langsamer als ihre grünen Artgenossen wachsenden Nadelbäume: Als Nacktsamer, die im Erwachsenenalter normalerweise Zapfen ausbilden (es als Albino aber wohl nur sehr selten tun), gehören sie streng genommen gar nicht zu den Blütenpflanzen (oder Bedecktsamern), bei denen Parasitismus noch halbwegs normal ist. Nein, sie wären praktisch die einzige Spezies aus der Ordnung der Nadelhölzer, die auf diese unrühmliche Weise ihr Leben bestreitet.

Die einzige bisher bekannte Ausnahme ist ein Freak aus der Familie der Steineibengewächse, mit dem man vermutlich selbst als sozial geächteter Nesthocker nicht in eine Ecke gestellt werden möchte. Der kleine Strauch oder Baum wächst auf der pazifischen Inselgruppe Neukaledonien, wo er wegen seiner seltsamen Wuchsform und purpurnen Farbe als Korallenbaum bezeichnet wird. Ähnlich wie der rote Andromeda-Spargel in Kalifornien zuzelt er Zucker aus dem Wurzelpilz von größeren Steineibenartigen. Gleichzeitig jedoch – und diese Kombination gibt's wohl selbst bei Blütenpflanzen nicht – zapft er seinem Wirt wie eine Mistel über ein spezielles Saugorgan Wasser und Mineralien ab.

Sosehr die Lebensweise von Albino-Redwoods der von schmarotzenden Pflanzen gleicht: Zane Moore hat es immer gestört, wenn die weißen Sonderlinge, von denen er mit 16 zum ersten Mal einen entdeckte, mal wieder irgendwo als »Vampirbäume« bezeichnet wurden.

Sein Problem damit hatte nicht mal sentimentale Gründe. Er glaubte nicht, dass die seltenen Waldgeister, die ihn seit seiner Jugend so faszinierten, nicht dazu in der Lage wären, ihren Elternbaum und die anderen Mammutbäume drum herum auf so schamlose Weise auszunutzen.

Eher war es umgekehrt. Seit er denken konnte, hatte er zu dem großen Küsten-Redwood zu Hause im Garten aufgeschaut. Seit er laufen konnte, war er unzählige Male zwischen den riesigen, zum Teil uralten Stämmen entlangspaziert. Im Sommer nach der Highschool war er mit einem Laser-Entfernungsmesser durch die Santa Cruz Mountains gewandert, um die größten Küstenmammutbäume in dem Gebiet zu finden. Zur selben Zeit hatte er mit einem anderen Fan der Bäume begonnen, ein großflächiges Verzeichnis von Albino-Redwoods anzulegen. Schließlich studierte er statt der von ihm ebenfalls geliebten Musik sogar Botanik und Pflanzenbiologie, um noch tiefer in das Leben der kalifornischen Baumriesen einzutauchen.

Moore hielt Redwoods schlicht für zu schlau, um sich von einem ihrer Sprösslinge derart zum Narren halten zu lassen. Bereits während seines Bachelorstudiums nutzte er deshalb ein Stipendium, um eigene Untersuchungen zu den Albinos anzustellen. Sie brachten Erstaunliches zutage und eröffneten die Möglichkeit, dass die biologischen Ausnahmeerscheinungen in der Tat zu Unrecht als »Blutsauger« verfemt wurden. In der Lesart, die Moores Studie nahelegte, waren eher ihre so perfekt an ihre Lebensbedingungen angepassten, hoch in den Himmel ragenden Eltern die wahren »Monster«.

Zuerst untersuchte Moore die weißen Nadeln der Waldgeister genauer und machte dabei eine interessante Entdeckung. Wie zu erwarten enthielten die direkt unter der Außenhaut gelegenen Zellen keine vor Blattgrün strotzenden Chloroplasten zum Betreiben von Fotosynthese. Stattdessen fanden sich hier farblose Leukoplasten, die man sonst eher in Wurzeln, Knollen und anderen Speicherorganen findet. Diese schienen auch wie sonst energiereiche Stärkekörnchen zu enthalten, die in diesem Fall aber aus »geklautem Zucker« hergestellt sein mussten. Die Leukoplasten waren unregelmäßiger geformt als die fleißig schnurrenden Chloroplasten in grünen Redwood-Nadeln, auch insgesamt wirkte das Zellgewebe wesentlich weniger gesund und robust. Am meisten jedoch fiel eines auf: Die weißen Nadeln enthielten ungewöhnlich hohe Konzentrationen an Kadmium, Nickel und Kupfer. Diese Schwermetalle nehmen Pflanzen sonst möglichst gar nicht oder nur als Spurenelemente aus dem Boden auf, da sie in höheren Mengen giftig sind.

Im Durchschnitt war die Konzentration des giftigen Cocktails in weißen Nadeln doppelt so hoch wie in grünen. Manche enthielten sogar eine zehnmal höhere Dosis an Schwermetallen, als eigentlich tödlich wäre. Das erklärte vielleicht auch den schlechten Zustand der Nadeln und den kränklichen Eindruck, den die weißen Bäumchen oft machten. Ganz totzukriegen waren die seltsamen Geisterwesen der kalifornischen Küstenwälder aber offenbar selbst dadurch nicht.

Das erinnerte Moore an andere Pflanzen mit ähnlichen Eigenschaften. Diese sogenannten Hyperakkumulatoren wachsen oft auf stark metallhaltigen Böden, wie sie etwa durch verwitterndes Vulkangestein entstehen, und nehmen daraus ebenfalls hohe Mengen an Schwermetallen auf. Auch sie halten die giftigen Stoffe nicht wie sonst üblich von ihren oberirdischen Teilen fern, sondern lagern sie munter in Stamm, Stängel und Blätter ein. Der erste, erneut in Neukaledonien heimische Baum, bei dem das Phänomen beschrieben wurde, hat so viel Nickel in seinem milchigen Pflanzensaft, dass dieser türkis leuchtet; später wurden Hunderte ähnliche Pflanzen bekannt. Eine Vermutung lautet, dass die Schwermetalle wie die Tannine in Kapitel drei Pflanzenfresser fernhalten sollen. Auch über allelopathische Effekte wie beim Juglon in den Blättern der Walnuss wird spekuliert.

Viel interessanter für Moore jedoch: Aufgrund ihrer Vorliebe für Heavy Metal eignen sich Hyperakkumulatoren hervorragend zur sanften Entgiftung von alten Minen- und Industriegeländen. Neben dieser sogenannten Phytosanierung laufen sogar Projekte zum Phytomining: Dabei werden die botanischen Metaller zur »natürlichen« Gewinnung von Bodenschätzen eingesetzt.

Konnte es sein, dass Albino-Redwoods im komplexen Netzwerk der Mammutbäume eine ähnliche Rolle spielen?, fragte sich der junge Pflanzenforscher. Frühere Studien wiesen darauf hin, dass wie bei anderen chlorophylllosen Pflanzen bei den Geisterbäumen die Atmung über die winzigen Poren auf den Nadelunterseiten nicht richtig funktioniert. So verlieren sie dabei zu viel Wasser, das sie dann wieder aus dem Boden saugen müssen – zusammen mit darin vorhandenen Schwermetallen. Ging es beim Geheimnis der Geisterbäume vielleicht gar nicht so sehr um die süßen Säfte, die sie aus dem sozialen Netzwerk abzapfen? Sondern um das mit giftigen Stoffen belastete Wasser, das sie in größeren Mengen als grüne Bäume aus dem Boden aufnehmen?

Zusammen mit jenem Gleichgesinnten, mit dem Moore schon die Albinos kartiert hatte, schaute er sich die Standorte der Bäume genauer an. Tatsächlich wuchsen sie auffällig oft in Randzonen der Küstenwälder, wo diese sich aufgrund schlechter werdender Bodenbedingungen nicht weiter ausbreiteten. Oft lagen hier auch Industrieanlagen wie Kraft- oder

Klärwerke in der Nähe, über die Schadstoffe in den Boden gelangen konnten. Und als Moore und sein Gefährte Bodenproben in den Gebieten machten, stellten sie wahrhaftig erhöhte Konzentrationen an Schwermetallen wie Nickel, Kupfer und Kadmium fest!

Würden die dort wachsenden Mammutbäume zu viele dieser Gifte aufnehmen, würde es so sehr ihre Fähigkeit zur Fotosynthese stören, dass sie sterben müssten. Was ihnen also gelegen käme, wäre eine Pflanze, die wie die oben beschriebenen Hyperakkumulatoren für sie den Boden saniert. Sie brauchten so was wie einen Blitzableiter für Schwermetalle.

Zane Moore glaubt, dass es sich genau darum bei den Albinos handeln könnte. Grüne Mammutbäume füttern sie durch oder lassen sie sogar überhaupt erst sprießen, damit sie die Erde von den in ihnen gefundenen Schadstoffen befreien. »Die Albinobäume scheinen diese Schwermetalle förmlich aus dem Boden zu saugen«, erklärte der Biologe der *Washington Post* nach seinen Untersuchungen. »Sie vergiften sich praktisch selbst.« Moore vergleicht sie mit einer Leber oder Niere, die vom Elternbaum zur Entgiftung genutzt wird. Ja, im Grunde würden die weiß, gelb oder blassgrün schimmernden Bäume vom gesamten sozialen Mammutnetzwerk als lokale »Giftmülldeponie« verwendet. In der Tat zeigte sich bei weiteren Untersuchungen, dass grüne Redwoods mit solchen Deponien auf Böden mit hohem Nickelanteil besser gedeihen als ohne.

Von wegen also bleiche Gruselwesen oder gar blutsaugende Vampire: Moores neue Erkenntnisse zu den Albinos schlugen noch heftiger ein als seine Höhenmessungen nach der Highschool. Als er sie im Herbst 2016 beim jährlichen Coast Redwood Science Symposium im kleinen Eureka vorstellte, interessierten sich nicht nur örtliche Zeitungen wie die *Mercury News* aus San José oder der *Santa Cruz Sentinel* dafür. Nachdem die Nachrichtenagentur *Associated Press* sie aufgegriffen hatte, fand die neue Wendung in der botanischen Spukgeschichte auch regen Anklang in den überregionalen Medien und wurde selbst im renommierten *Smithsonian* ausführlich wiedererzählt. *Mountain Echo,* das ehrwürdige Organ von Kaliforniens ältester, bereits im Jahr 1900 zum Schutz der Redwoods eingerichteter Landstiftung, machte sie passend zu Halloween zur Titelstory.

Bereits in dieser Story brachte Moore die enorme Anpassungsfähigkeit der Küstenmammutbäume mit ihrem riesigen Genom in Zusammenhang, das er heute zu erforschen hilft. Vor allem aber klärte er die Welt endlich darüber auf, dass anders als immer gedacht grüne Redwoods nicht von Albinobäumen ausgenutzt wurden, sondern sich diese gewissermaßen als kleine Detox-Bonsais hielten.

Nein, der faszinierende Baum aus seiner Jugend war kein egoistisches Monster: In Wirklichkeit war es vielmehr so, dass sich die leicht vergänglichen, oft wie magere Kellerkinder kaum über die Runden kommenden »Geister des Waldes« für den Rest der Baumgemeinschaft opferten.

Nicht alle glauben, dass damit die pflanzliche *Ghost Story* wirklich auserzählt ist, und Moore selbst hat bereits auf gewisse Löcher in seiner Theorie hingewiesen: Was ist zum Beispiel, wenn die weißen Nadeln aufgrund mangelnder Versorgung oder des auch bei Nadelbäumen üblichen Nachwachsens abfallen und am Boden verrotten? Gehen die eingelagerten Schwermetalle dann nicht wieder in die Erde über und die ganze aufwendige Bodensanierung war umsonst?

Andere finden, dass nach all den Jahren, in denen man die Albinos als Parasiten, Schmarotzer und Vampire betrachtet hat, das Pendel nun zu sehr in die andere Richtung ausschlägt. Einem bloggenden Baumpfleger aus Kaliforniens Nachbarstaat Oregon, wo ebenfalls Küstenmammutbäume wachsen, gehen sowohl die Opferbereitschaft als auch die heilsamen Effekte, die man den Bäumchen zutraut, deutlich zu weit. »Der Albino-Redwood ist kein Messias« lautet die Überschrift zu seinem Post.

Auch bei Pappeln, Birken und Schimmelfichten kommt es wohl manchmal vor, dass sie weiße Triebe bilden. 2018 wurde außerdem eine kleine Albino-Buche in der Schweizer Talschaft Toggenburg entdeckt. Kaum mehr als knöchelhoch, treibt das Bäumchen jeden Frühling strahlend weiße Blätter aus, bei deren Anblick sich der eigenartige Verdacht aufdrängt, beim ganzen übrigen Wald könnte es sich nur um ein koloriertes Bilderbuch handeln.

Genau wie die Geisterbäume in Kalifornien wird die kleine Gespensterbuche vermutlich über die Wurzeln und Pilzfäden der umstehenden Bäume ernährt.

8 Schmarotzende Sandelhölzer

Weihnachten 2021 hatte ich Corona und habe den neusten Asterix-Band verschenkt. Ich klopfe immer auf Holz, also Bäume, wenn mich jemand nach meiner Gesundheit fragt. Denn ehrlich gesagt habe ich das von der Evolution ausgeloste Glück, in keiner Virensaison mehr als eine laufende Nase oder ein bisschen Husten zu bekommen.

Diesmal blieben sogar diese Symptome aus (klopf, klopf, klopf), und das obwohl ich mich laut Gesundheitsamt noch nicht mal mit der neuen, »milderen« Variante angesteckt hatte. Heiligabend, den ich sonst immer bei meinem Bruder und seiner Familie verbringe, war natürlich trotzdem gestrichen, ebenso wie der traditionelle Besuch bei Freunden danach. Diese stellten mir leckere »Notversorgung« vor die Tür. Im Gegenzug forderten sie, dass ich – positiv oder nicht – das kleine Wichtelgeschenk herausrücke, das jeder für die Runde hatte besorgen sollen.

Durch ein komplexes und von niemandem durchschautes System hatte ich als zu Beschenkenden einen guten Freund zugeknobelt gekriegt, der gerne Chips, leckeren Wein und interessanten Lesestoff mag. Also bekam er von mir die neuste Folge der Asterix-Comicreihe geschenkt, die kurz zuvor im Herbst erschienen war. Dazu merkwürdige blaue französische Kartoffelchips, die die einzigen zum Comic passenden waren, die sich auftreiben ließen, und tatsächlich auch praktisch genauso viel kosteten. Sowie, deshalb, nur eine mittelmäßige Flasche Bordeaux.

Mein Bruder und ich haben als Kinder Asterix-Hefte verschlungen, was bei der Auswahl des Geschenks eine gewisse Rolle gespielt haben mag. Ich wäre natürlich nie so schäbig gewesen, das für jemand anderen bestimmte Heft vorher zu lesen, trotzdem kann ich Ihnen sagen, dass sich die Lektüre lohnt. Von den ursprünglichen Autoren ist ja inzwischen leider keiner mehr übrig, doch auch die neuen machen ihre Sache gut. Rückblickend spielt die Geschichte an einem etwas ominösen Ort, dazu passend gibt es noch eine andere leicht düstere Neuerung, aber ansonsten ist vieles gleich. Asterix setzt sich dafür ein, dass am Ende alles gutgeht, Obelix sorgt sich um den mit neuen Freunden anbandelnden Idefix, und Miraculix kümmert sich um den – diesmal aufgrund eisiger Kälte gefrorenen – Zaubertrank.

Neben Hummer »für den Geschmack« besteht dessen Hauptzutat bekanntermaßen aus Misteln. Heute ist mir die kugelige Gestalt, mit der diese faszinierenden Gewächse kahle Winterbäume schmücken, wohlvertraut. Dennoch bin ich ziemlich sicher, dass ich in den schönen französischen Comics zum ersten Mal Bekanntschaft mit ihnen schloss. Gleich am Anfang des allerersten Bands erntet sie der Druide des kleinen gallischen Dorfs mit seiner goldenen Sichel, um das berühmte Kraftgetränk daraus zu brauen. Die Grundzüge dieses Brauchs sind von Plinius dem Älteren überliefert – jenem antiken Gelehrten, der im Kapitel über die Walnuss schon von deren »giftigem Schatten« schrieb. Laut manchen modernen

Quellen sind zumindest die grünen Teile von Misteln selbst leicht giftig. Dennoch galten bei den Galliern wohl besonders jene seltenen Exemplare, die auf Eichen wachsen, als eine Art Allheilmittel, speziell wenn man sie kurz nach Neumond schnitt. In der umstrittenen anthroposophischen Medizin Rudolf Steiners werden Mistelextrakte heute noch zur Krebsbehandlung eingesetzt.

Auch die Germanen schnitten Mistelzweige als Glücksbringer zur Wintersonnenwende, aus der die Christen dann das (nicht mehr exakt damit zusammenfallende) Weihnachtsfest machten. Die mal auf nordische Sagen, mal auf römische Orgien zurückgeführte Sitte, sich zur Adventszeit unter einem Mistelzweig zu küssen, ist schon lange in angelsächsischen Ländern Brauch, fasst erfreulicherweise aber auch immer mehr in Deutschland Fuß. In Frankreich praktiziert man sie etwas später, nämlich an Neujahr – was Obelix in einer der ganz frühen Asterix-Geschichten, die anfangs in einem französischen Jugendmagazin erschienen, für eine List benutzt. Abgesehen hat er es dabei auf die schöne Falbala und schickt zur Umsetzung seiner unlauteren Absichten sogar sein kleines Hündchen weg. Unerwünschte Neujahrsschmatzer bekommt er dann natürlich nur von allen möglichen anderen Figuren; den ersehnten Kuss kriegt Idefix.

Ein Grund für die besondere Rolle der Mistel ist sicher, dass sie wie andere Weihnachtspflanzen immergrün ist. So fällt sie erst recht im Winter an Bäumen auf, zumal sie dann auch noch ihre schönen weißen Beeren trägt. Werden diese von hungrigen Vögeln gefressen und die darin verborgenen Samen woanders wieder »abgeladen«, ist das für die betroffenen Bäume jedoch alles andere als ein Geschenk. Wie schon mehrmals erwähnt und allgemein bekannt, sind Misteln Parasiten – und zwar keineswegs so zweifelhafte und umstrittene wie die Albinobäume im kalifornischen Küstenwald. Zwar halten manche Forstwirte sie für relativ harmlos. Zumeist werden sie jedoch weiterhin als Baumschädlinge betrachtet, deren nach der Keimung im neuen Jahr aufgedrückter »Kuss« bei zu starkem Befall tödlich sein kann.

Ich weiß, was Sie jetzt denken. Schon der Vampirbaum aus dem letzten Kapitel war bei rechter Betrachtung ja eher eine Art Auswuchs oder Trieb und stellte sich dann sogar als mögliches Opfer heraus. Jetzt sind wir im achten Kapitel bereits bei Sträuchern angelangt, die auf Ästen wachsen, dabei haben wir noch vier vor uns. Dazu das ganze belanglose Geschwafel von Wichtelrunden und Kindercomics: Der Mann will Strecke machen und es gehen ihm die bösen Bäume aus!

Doch glauben Sie mir, so ist es nicht. Die Mistel hat nicht nur aufgrund ihrer Bekanntheit eine gewisse Berechtigung. Sie ist auch neusten Forschungen zufolge einst aus am Boden lebenden Bäumen und Sträuchern entstanden und kann im Endstadium quasi wieder zum Baum werden, sobald sie alles ursprüngliche Grün an ihrem Wirt verdrängt.

Vor allem aber ist sie heute noch eng mit einem Baum verwandt, den man nie mit ihr in Verbindung bringen würde und der sogar einen noch besseren Ruf genießt – in Wirklichkeit aber ein genauso böses Spiel treibt wie sie. Zu diesem fiesen Vetter, der seinen üblen Machenschaften im Verborgenen nachgeht, während die Mistel es wenigstens offen und für alle gut sichtbar tut, soll sie hier als Einführung dienen.

Mit lateinischem Fachnamen heißt die europäische Mistel *Viscum album,* und zwar wegen ihrer Beeren, bei denen es sich aus komplizierten botanischen Gründen eigentlich um Scheinbeeren handelt. Diese falschen Beeren sind nicht nur weiß (*album*), sondern enthalten auch eine an Leim (*viscum*) erinnernde Masse, die wiederum jeweils ein oder zwei Mistelsamen umhüllt. Fressen im Winter nicht mehr so wählerische Vögel wie Misteldrossel oder Mönchsgrasmücke die Beeren, scheiden sie die Samen bald darauf auf einem anderen Baum wieder aus oder streifen sie noch vor der Mahlzeit an einem Ast ab. Wie bei der Würgefeige aus Kapitel eins sorgt dann die viskose Hülle des Samens dafür, dass er besser kleben bleibt. Wie es anschließend weitergeht, ist allerdings fast noch gruseliger als bei der berüchtigten Würgerin des Dschungels selbst.

Zwei Unterarten der weißbeerigen Mistel befallen auch Nadelbäume. Die weit bekanntere Laubbaumart nistet sich vor allem bei Linden, Weiden, Pappeln sowie etlichen anderen nicht »mistelfesten« Bäumen ein. Wird es im Frühling warm, bricht aus dem an Ast, Zweig oder Stamm haftenden Samen ein grüner Keimstängel hervor. Das wirkt erst mal wie bei tausend anderen Keimlingen, die jetzt unter dem Baum aus der Erde sprießen, doch gibt es einen entscheidenden Unterschied. Die anderen Stängelchen tun alles, um sich so schnell wie möglich zum Licht zu recken, dieser geht jedoch den entgegengesetzten Weg. Wie in Ankündigung seiner dunklen Absichten beugt er sich zur Rinde hinab – wobei ihm lichtempfindliche Proteine in seinem Gewebe die Richtung weisen. Bei Kontakt mit der Rinde bildet er eine Haftscheibe, die dem Saugnapf eines Pömpels gleicht und tatsächlich so wirkt, als wolle die frisch geborene Mistel ihrem Wirt zur Begrüßung einen dicken Schmatzer aufdrücken.

Niedlich, könnte man denken, ist es aber nicht. Um die neue Freundschaft zu besiegeln, produziert der Keimling an der Haftscheibe einen natürlichen Klebstoff. Dann entwickelt er in der Mitte der Scheibe ein Saugorgan und beginnt – vermutlich mithilfe von Enzymen –, die Rinde aufzulösen. Bei dem Organ handelt es sich um ein sogenanntes Haustorium, dessen Name sich vom lateinischen Wort für Säufer ableitet und das auch oft als Senker bezeichnet wird (oft werden die Namen auch für Haftscheibe und Organ als Ganzes benutzt). Das Haustorium senkt sich durch die Bastschicht unter der Rinde bis zum Kambium, also jener Schicht, die jedes Jahr neues Holz in Form von Jahresringen hervorbringt. Mit diesem lebendigen Holz verbindet sich das Organ nun und zapft dem Baum daraus jenen Zaubertrank aus Wasser und Mineralien ab, den er über seine Wurzeln aufnimmt.

Statt sich weiter zu senken, wächst danach das Haustorium mit den Jahresringen mit. So wird es immer mehr ins Holz eingebettet. Gleichzeitig wachsen oben aus dem Aufsatz jeden Sommer neue Sprosse und Blätter und nehmen nach und nach die für Misteln typische Kugelgestalt an. Diese soll wohl vor allem verhindern, dass die Gewächse von rauen Winterwinden aus dem kahlen Geäst gerissen werden.

Wie die Würgefeige im ersten Lebensstadium wird die Mistel oft als Epiphyt, also Aufsitzerpflanze gesehen. Während die Feige Luftwurzeln zur Erde hinablässt, geht die Mistel gewissermaßen den direkteren Weg. Da sie zusätzlich zur wässrigen Nährlösung nicht auch Zucker aus dem Bast saugt, sondern ihn mit ihren Blättern selbst herstellt, gilt sie nur als Halb-

Außen hui, innen pfui: Mistel mit hübscher Kugelform und im Holz ihres Wirts verankertem Saugorgan.

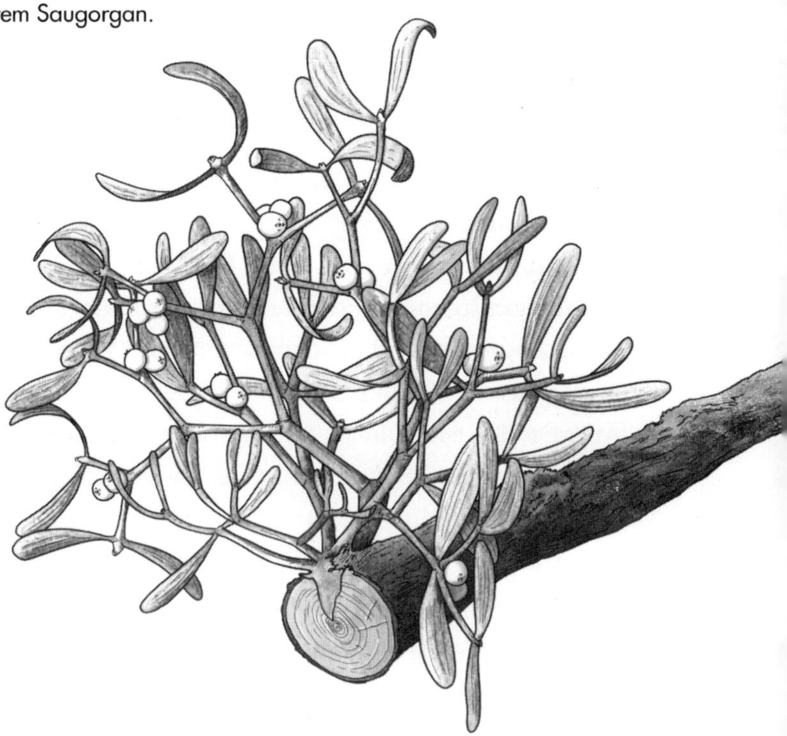

parasit. Wie die Würgefeige legt sie allerdings nicht nur eine Wasserleitung an. Seitlich vom Haustorium streckt sie weitere Ärmchen unter die Rinde und treibt von dort zusätzliche Senker ins Holz. Aus diesen wurzelartigen Ärmchen können wie beim Götterbaum auch neue Misteln sprießen, etwa wenn die erste doch fortweht oder an einer ungünstigen Stelle wächst. In sehr langsamer Zeitlupe kann die Mistel so durchs Geäst »klettern« und bei guten Bedingungen Durchmesser von über zwei Metern erreichen.

Oft bedeutet allein schon die erfolgreiche Besiedlung, dass der Wirt nicht mehr ganz fit ist. Büßen dann noch oberhalb der grünen Mitesser liegende Astbereiche zu viel Wasser und Nährstoffe ein, sterben sie allmählich ab. Wie Viren, Bakterien und andere Trittbrettfahrer haben Misteln eigentlich kein Interesse am Tod ihres Wirts. Doch haben sich zu viele der Schmarotzer an ihm festgesetzt und missbrauchen ihn sozusagen nur noch als kahlen Wasserspender für ihr fremdes Blätterkleid, kann das durchaus sein Ende sein.

Auf die Idee, sich mit einem Saugorgan bei anderen Pflanzen zu bedienen, sind Pflanzen wohl schon vor rund 100 Millionen Jahren gekommen. Oft werden auch allein Pflanzen mit so einem Haustorium als echte Parasiten betrachtet. Jene, die wie etwa der Fichtenspargel aus dem letzten Kapitel nur indirekt über Wurzelpilze nassauern, werden häufig gar nicht dazugezählt. Bis auf die in dem Abschnitt erwähnte Ausnahme kommen beide Formen des Mitessertums auch nur bei Blütenpflanzen vor, also jenen allgegenwärtigen Bedecktsamern, die sich oft durch ihre auffälligen Blüten von anderen Landpflanzen wie Nadelbäumen oder Farnen unterscheiden. Die Zahl der über Haustorien schmarotzenden Blütenpflanzen, also der »echten« pflanzlichen Parasiten, wird auf fast 5000 geschätzt. Wie schon im vorigen Kapitel erwähnt, bedeutet das, dass sie immerhin über ein Prozent aller bekannten Arten von Blütenpflanzen ausmachen.

Eine große Gruppe wird dabei von den Sommerwurzgewächsen gestellt. In Deutschland gehört dazu zum Beispiel der als Heilpflanze bekannte Augentrost, der als Halbparasit auf Wiesen lebt. Doch auch über den dem Fichtenspargel ähnelnden Labkrautwürger kann man mit viel Glück stolpern, der als blasser Vollparasit nicht nur mineralhaltiges Wasser, sondern auch süße Kohlenhydrate klaut.

Die zweite große Gruppe besteht zum wesentlichen Teil aus Misteln – denn diese gibt es bei Weitem nicht nur in der uns vertrauten, weißbeerigen Form. In den Tropen, ihrer eigentlichen Heimat, kommen sie in weit über tausend anderen Spielarten vor. Hier tragen die aus europäischen Sagen und Bräuchen bekannten Gewächse oft so bunte Blüten und Früchte, dass sie im Englischen »Protzmisteln« heißen. Würde die nächste Asterix-Folge statt im Schnee in Südamerika, Afrika, Südostasien oder Australien spielen, man fragt sich, welche großartigen Kräfte ein damit gebrauter Zaubertrank verleihen mag!

Ganz am Anfang ihrer Entwicklung hätte der alte Miraculix auch nicht mal auf einen Baum kraxeln müssen, um Misteln zu schneiden. Lange hat man sich gefragt, ob sie bereits wie Orchideen oder Bromelien auf Bäumen lebten, als sie ihre unfeinen Neigungen entwickelten, oder erst Schmarotzer waren und dann auf Bäumen landeten. Inzwischen deuten aufwendige molekulare Analysen auf Letzteres hin. Vor rund 80 Millionen Jahren begannen sie sich wohl von Bäumen, Sträuchern und anderen Pflanzen abzuspalten, die den Parasitismus schon ausgiebig am Boden praktizierten. Der evolutionäre Wechsel in luftige Höhen gelang sogar gleich mehrmals: zuerst bei den kleinen, manchmal wie Perücken in den Zweigen hängenden Federmisteln; dann bei den Vorfahren unserer heimischen Misteln; und schließlich – nach mehreren weiteren Aufstiegen – bei den Protzmisteln, die sich in besonders viele Arten auffächerten.

Am riesigen Baum des Lebens sitzen sowohl all diese Misteln als auch ihre am Boden gebliebenen Cousins auf demselben Ast. Es ist derjenige der Sandelholzartigen, der von allen evolutionären Ästen, an denen Blütenpflanzen gedeihen, der mit den meisten Parasiten ist. Tatsächlich findet sich an den Spitzen seiner Zweige kaum was anderes – fast 2500 Halb- und Vollschmarotzer, von denen stets irgendeine Form von Haustorium hängt. Die genauen Verwandtschaftsverhältnisse sind dabei noch umstrittener als bei den Akazien aus Kapitel drei, und besonders unsere heimische Mistel wird wie eine schwer zu platzierende Christbaumkugel ständig wieder umgehängt. Einst hing sie bei den Protzmisteln, dann sollte sie einen Sonderplatz bekommen. Inzwischen ist sie aber am Zweig der Sandelholzgewächse gelandet.

Dieser Zweig ist auch als Familie der Sandelhölzer bekannt und leitet seinen Namen wie die ganze taxonomische Ordnung (also der Ast) vom Sandelholzbaum ab. Bei dem Namen kommen vielen Lesern wahrscheinlich köstliche Düfte in den Sinn, vielleicht auch edle Figuren oder Möbel, die aus Sandelholz gefertigt sind. Doch wie praktisch seine ganze Verwandtschaft ist auch dieser Baum ein Schmarotzer – der sich nur etwas unauffälliger als die Mistel bei seinen Opfern bedient.

Die intensivsten Sandelholzdüfte, die es derzeit für Parfümliebhaber zu kaufen gibt, tragen so wohlklingende Namen wie Wood & Spices, Wonderwood und Santal Blush. Auch in Klassikern wie Cool Water von Davidoff oder Égoïste von Chanel ist die unweigerlich als männlich, warm und exotisch angepriesene Holznote enthalten. Besonders der letzte Parfümname scheint mir in Anbetracht des Baums, von dem der Duft stammt, schon ziemlich gut zu passen, und würde man mich fragen, ich könnte mir noch passendere ausdenken. »Stolen Water« liegt natürlich auf der Hand, auch »Air de

Schmarotz« fände ich schön. Oder, in Anlehnung an den süßsandelholzigen Frauenduft Parisienne von Yves Saint Laurent: »Le Parasite«.

Mein Favorit wäre allerdings, irgendwelche auf das nächste große Ding hoffenden Marketingleute bei L'Oréal oder Estée Lauder davon zu überzeugen, statt des beliebten »Eau de Parfum«, der Königsklasse aller Düfte, schlicht »Eau des Autres« auf den Flakon zu schreiben. Denn genau dieses Wasser, zusammen mit den darin gelösten Nährsalzen, zapft der von allen für einen so duften Kerl gehaltene Sandelholzbaum anderen Bäumen ab.

Er tut das allerdings so heimlich, dass er erst gegen Ende des 19. Jahrhunderts dabei erwischt wurde, als ein britischer Forscher seine Wurzeln genauer unter die Lupe nahm.* Das war in Indien, wo das duftende Öl, das Parfüms die begehrte Sandelholznote verleiht, traditionell hergestellt wird. Hier liegt eins der Hauptverbreitungsgebiete von *Santalum album*, des Weißen Sandelbaums, der wegen der hellen Farbe seines Holzes so heißt, aber auch indischer oder ostindischer Sandelholzbaum genannt wird. Er gilt als der eigentliche Sandelholzbaum, dessen Holz das edelste Sandelöl enthält und seit jeher für Parfüms, Räucherstäbchen, kunstvolle Schnitzereien und religiöse Zeremonien genutzt wird. Zusätzlich gibt es noch etliche Sandelholzbäume aus derselben Gattung, die eben-

---

* Dass es parasitische Pflanzen gibt, ist seit der Antike bekannt, und der griechische Philosoph Theophrast erwähnte in diesem Zusammenhang auch schon die Mistel. Die moderne Wissenschaft begann sich dann ab Anfang des 19. Jahrhunderts intensiver mit dem Thema zu beschäftigen. Weit vorm Schmarotzertum des Sandelbaums wurde zum Beispiel jenes der Riesenrafflesie beschrieben, des bereits im vorigen Kapitel erwähnten Parasiten mit der größten Blüte der Welt.

falls gut riechen und wie das Original selbst in Indien, Indonesien, Australien und anderswo vorkommen. Um die Verwirrung perfekt zu machen, werden auch Holz und Düfte nicht verwandter Baumarten oft unter dem Namen Sandelholz angeboten – entweder weil es sich so eingebürgert hat, oder einfach gut klingt.

Indische Sandelholzbäume sind eher kleine Bäume, die selten höher als zehn Meter werden, ledrige, loorbeerähnliche Blätter haben und im Alter eine dunkle, von senkrechten Rissen durchzogene Rinde bekommen. Obwohl sie wie in alten Kolonialzeiten manchmal als »ostindisch« bezeichnet werden, wachsen sie vor allem im Süden des Subkontinents, auf trockenen, steinigen roten Böden, auf die relativ wenig Regen fällt. Für die Ölgewinnung wird hauptsächlich das Kernholz im Innern ihres Stamms genutzt, das dunkler ist als der Rest und mit der Zeit eine rötliche Farbe annimmt. Das daraus destillierte Öl hingegen ist goldgelb und wird wegen der extremen Preise, die inzwischen dafür gezahlt werden, oft als »flüssiges Gold« bezeichnet. Die Preise kommen daher, dass lange alle in Indien wachsenden Sandelbäume automatisch dem Staat gehörten, gleichzeitig aber so oft illegal gefällt und verkauft wurden, dass heute kaum noch welche übrig sind. Seit einiger Zeit ist deshalb der private Anbau erlaubt, und in den Forstanstalten des Landes wird fieberhaft erforscht, wie die Bäume am besten gedeihen. Die dazu durchgeführten Experimente sind natürlich hochwissenschaftlich. Zumindest aus pflanzlicher Sicht können sie trotzdem wirken wie aus dem Horrorkabinett eines sadistischen Professors.

Wie ihre ebenfalls zu den Sandelholzgewächsen zählende Verwandte, die Mistel, parasitieren Sandelholzbäume bei anderen Pflanzen – nur tun sie das unter der Erde, wo es niemand sieht. Schon bald nach der Keimung strecken sie ihre Wurzeln in alle Richtungen aus, und wo sie auf andere Wurzeln stoßen, bilden sie wie die Mistel ein Haustorium. Dieses ähnelt einer kleinen weißen Glocke und schmiegt sich eng an die fremde Wurzel an. Erneut sind Haftstoffe und vermutlich auch die Wurzelrinde zersetzende Enzyme im Spiel, und wie bei der Haftscheibe in luftigen Höhen bildet sich in der Mitte der Glocke eine Art Senker. Der wird in diesem Fall von Botanikern gerne als »Penetrationsstift« bezeichnet, und wie der Senker einer Mistel dringt er bis zum Kambium, also der aktiven Regenerationsschicht der Wurzel, vor.

Anders als bei der Mistel stülpt sich dann jedoch eine zweite Struktur aus dem Stift, und zwar eine hauchdünne Scheibe, die sich unmittelbar über die für den Wassertransport zuständigen Leitbahnen im Innern der Wurzel legt. Zu einer wirklichen Verbindung der Gefäße kommt es unten im Erdreich wohl ebenso wenig wie oben im Geäst. Doch grenzen die Zellen der Scheibe so unmittelbar an jene der Lebensader, dass sie über ihre Membran Wasser und Nährstoffe daraus aufnehmen können. Diese saugt die fremde Pflanze mühsam über ihre Wurzeln aus dem Boden und möchte sie eigentlich an ihren im Sonnenlicht wachsenden oberen Teil weiterleiten. Nun jedoch geht zumindest ein Teil der nahrhaften Lösung einen anderen Weg und kommt stattdessen dem angeblichen Edelholz zugute, bei dem es sich in Wirklichkeit um einen wenig feinen Wurzelparasiten handelt.

Wie die Mistel kann der Sandelholzbaum seine Opfer töten, wenn er zu ausgiebig an ihnen schmarotzt, und bei ihrer Auswahl ist er sogar noch großzügiger als die Würgefeige aus

Kapitel eins. Von Forschern wird gerne eine Zahl zitiert, wonach über 300 verschiedene Wirtsarten für ihn infrage kommen. Andere machen es sich leichter und sagen einfach, dass er bei so ziemlich jeder Pflanze nassauert, die er mit seinen Wurzeln finden kann. Das können kleine Wildblumen oder Kräuter sein, genauso wie alle möglichen in der Nähe wachsenden Bäume und Sträucher. Selbst für einfaches Gras ist er sich nicht zu schade – und aus Versehen dockt er auch schon mal bei Steinen im Boden oder sogar seinen eigenen Wurzeln an. Manchen Opfern setzt er mehr Haustorien ans Wurzelwerk, anderen weniger, bei Wassermangel wird er besonders aktiv, und für sein eigenes Wachstum am besten sind Hülsenfrüchtler, denen er ihren mithilfe spezieller Bakterien gebundenen Stickstoff klauen kann. Seine Saugorgane wachsen dabei mit ihren Aufgaben, bilden sich oft seitlich an seinen Wurzeln oder gehen von dünnen Seitenwurzeln ab. Ebenso können sie jedoch am Ende von dicken, holzigen Strängen sitzen, die sich viele Meter durch die Erde winden.

Schon die Wurzelarme der Würgefeige habe ich mit denen eines Kraken verglichen, doch beim Sandelholzbaum drängt sich der Vergleich noch viel mehr auf. Schlängelnd und suchend schiebt er sie durchs Erdreich wie das kluge Weichtier seine durchs Riff. Sogar die aus milchigem, durchscheinendem Gewebe gebildeten Saugnäpfe gleichen jenen des Oktopus. Früher dachte man, auch Kraken würden ihre Opfer damit aussaugen. Und hätte der schöngeistige René Desfontaines aus Kapitel sechs statt eines nüchternen Briten die schlechten Angewohnheiten des Sandelbaums entdeckt, er hätte vermutlich wieder wunderbare Vergleiche zwischen Tier- und Pflanzenwelt angestellt.

Richtig gruselig wird es wie so oft auch erst, wenn der Faktor Mensch hinzukommt. Wie bereits erwähnt versucht man in Indien gerade, den drastischen Schwund der kostbaren Ressource wieder wettzumachen – und wirft deshalb in Versuchen alle möglichen Pflanzen dem gierigen Baumkraken zum Fraß vor. Tatsächlich ist es so, dass aus der kugelrunden und höchst nahrhaften Nuss des Baums zwar zunächst auch ohne fremde Hilfe ein recht stattlicher Sämling wächst. Doch der braucht in der Regel irgendwann fremde Wurzeln, an denen er zuzeln kann, was Aufforstung und Anbau schwieriger macht als bei anderen Bäumen.

Der anhand ausgiebiger botanischer Experimente ermittelte »State of the Art« des Sandelholzanbaus sieht wie folgt aus: Sechs Monate nach der Keimung setzt man den Sämling bevorzugt mit einer Mimose in einen Topf. Die ist nicht nur ein Hülsenfrüchtler, sondern natürlich auch dafür bekannt, dass sie bei der kleinsten Berührung die Blätter einzieht – sodass man sich unweigerlich fragt, wie sie reagiert, wenn ihr Sandkastenfreund ihr zum ersten Mal seine Saugnäpfe an die Wurzelbeine setzt. Je nach Quelle darf sie sich von zwei Monaten bis zu über ein Jahr von dem kostbaren Zögling aussaugen lassen, dann geht es aufs Feld. Auch hier gelten wieder Hülsenfrüchtler als ideale Wirte, wie etwa Mesquitebäume, Turibäume oder Akazien – die in Kapitel drei noch alles getan haben, um sich aufdringliche Nachbarn vom Leib zu halten. Die Pflanzabstände sollten anfangs nicht mehr als ein paar Meter betragen und für jeden Schmarotzer zwei bis drei junge Wirtspflanzen in den Boden gesetzt werden. Diese dienen ihm als leicht zu dominierende Opfer für die Jugendzeit, werden aber wieder ausgedünnt, sobald dem erwachsenen Parasiten ein anderer Baum als »Langzeitwirt« genügt.

Besonders empfehlenswert ist wohl ein »gesunder Mix« aus verschiedenen Wirtsarten, und wer besonders clever ist, mischt ein paar Obstbäume mit ein. Da es mindestens 15 Jahre dauert, bis die Sandelholzbäume geerntet werden können, hat man bis dahin wenigstens ein paar zusätzliche Einkünfte. Oder, na ja, zumindest wenn der ständige Aderlass die Bäumchen nicht schon vor der ersten Obstreife das Leben kostet – was wohl relativ oft vorkommt.

Glückliche Kindheit auf Kosten anderer: Kleine Sandelhölzer bekommen junge Akazienbäume und andere Pflanzen zur Seite gestellt, damit sie unter der Erde bei ihnen schmarotzen können.

Auf den vielen YouTube-Kanälen, die es in Indien zum Thema Landwirtschaft gibt, wird der Sandelholzanbau als Goldgrube angepriesen, die einen Gewinn von einer halben Million Euro pro Hektar verspricht. Wie sehr man bis dahin auf seine Investition aufpassen muss, machen allerdings die für die Pflanzungen empfohlenen Sicherheitsmaßnahmen deutlich. Sie reichen von hohen Mauern, Wachleuten und scharfen Hunden bis hin zu Kameras, Infrarotzäunen und in die Stämme eingepflanzten GPS-Chips. Viel weiter ist man bei der großflächigen Nutzung der Bäume ohnehin schon in Australien, das mit riesigen Plantagen im Norden des Kontinents Indien als Exporteur des »Eau des Autres« längst abgehängt hat.

Auch die dortigen Hersteller haben Imagevideos, in denen man aus Drohnenperspektive über endlose, wie mit dem Lineal gezogene Baumreihen schwebt. Im von dezenten Geigen- und Pianoklängen untermalten Abendlicht wirkt das alles wie die Idylle schlechthin. Gleichzeitig ist viel von Erhaltung und Schutz der indischen Sandelhölzer die Rede, denen Raubbau und illegaler Handel so zugesetzt haben, dass sie schon seit 1998 auf der Roten Liste für gefährdete Pflanzen stehen. So lautet zum Beispiel der Slogan von einem der Produzenten: *Pure. Ethical. Sandalwood.*

Natürlich sollte man nicht darüber nachdenken, warum viele der Bäume auf der Sandelholzplantage überhaupt nicht aussehen wie Sandelholzbäume. Oder warum schon deren Setzlinge anscheinend nicht gerne alleine stehen, sondern immer in Gesellschaft von kleinen Akazienbäumchen und anderen Pflanzen aufgezogen werden.

Denn dann bekommt das Ganze mehr etwas von einer viele

Tausend Hektar großen, ins Pflanzenreich übertragenen Blutegelzucht. In der – zumindest bis zur Ernte – keineswegs die Sandelhölzer die »gefährdeten« Arten sind.

9 Von wegen Weihnachtsbaum

> *»Was machst du hier, kleine Rottanne?«*
> *»Wonach sieht's denn aus? Skiurlaub natürlich …«*
>
> Markus Bennemann,
> *Das große Adventskalenderbuch*

Man hat es schon im ersten Kapitel und erst recht in den letzten beiden gemerkt: Wenn man wie ich darauf aus ist, am guten Image von Bäumen zu kratzen, ist Parasitismus ein äußerst fruchtbares Thema. Über das es auch noch viel mehr zu erzählen gibt.

Für wen ich im letzten Kapitel zum Beispiel keinen Platz mehr hatte, ist *Okoubaka aubrevillei* – und zwar aus dem einfachen Grund, dass er so groß ist. Mit einer Höhe von bis zu 40 Metern gilt der afrikanische Baum als größte parasitische Pflanze, die es gibt. Auch er gehört zur berüchtigten Familie der Sandelhölzer, Ordnung Sandelholzartige, und zapft anderen Bäumen mit Saugwurzeln das Wasser ab. Nur dass bei ihm diese Wurzeln – nun ja, wie soll man das ohne Bedienen dämlicher Stereotype sagen – ein ganzes Stück länger als üblich sind.

Der seltene tropische Halbschmarotzer wächst in den Regenwäldern Zentral- und Westafrikas, von der Republik Kongo bis hoch an die Elfenbeinküste. Aus letzterem Land kommt auch sein schöner Gattungsname, bei dem jeder Star-Wars-Fan sofort an einen Vetter von Chewbacca denkt, den zotteligen Hünen aus der berühmten Filmreihe. Was dessen Name heißt, weiß ich nicht. Doch *Okoubaka* bedeutet in Anyin, der Sprache des früheren Königreichs von Sanwi, so viel wie »Baum, der die umliegende Vegetation tötet« oder einfach »Todesbaum«. Wie die Bäume mit den »Teufelsgärten« in Kapitel drei steht auch er mitten im dichten Urwald oft ganz allein auf einer Lichtung, braucht jedoch kein Ameisenheer, um sie zu entwalden.* Nein, er benutzt dazu seine mehr als 20 Meter langen, mit Haustorien bestückten Wurzeln – mit denen er nicht nur bei der Konkurrenz schmarotzt, sondern diese offenbar gezielt zum Absterben bringt. Die afrikanischen Teufelsgärten dürfen in der Regel nur von Medizinmännern betreten werden, von denen sich manche wohl vorher nackt ausziehen, damit die im Todesbaum lebenden Geister sie später nicht an ihrer Kleidung erkennen. Rindenextrakte und Ähnliches sollen dann gegen alles von krankhaft vergrößerten Hoden bis hin zu Vergiftungen helfen und werden auch von deutschen Homöopathen als Magen-Darm-Vorsorge für Fernreisen eingesetzt.

Am anderen Ende des parasitischen Größenspektrums finden sich die Zwergmisteln, die zwar keine Bäume sind, aber

---

* Ameisen, genau wie Fledermäuse, sorgen bei *Okoubaka aubrevillei*, dessen zweiter Namensteil auf den französischen Botaniker André Aubréville zurückgeht, allerdings wie bei vielen Bäumen der Region für die Bestäubung.

trotzdem einen winzigen Absatz verdient haben. Auch bei ihnen handelt es sich wieder um Sandelholzgewächse, wie bei ihrem großen afrikanischen Verwandten. Im Gegensatz zu diesem legen sie jedoch keinen Wert auf Freiraum, sondern mögen's lieber intim und kuschelig.

Da ist zum einen *Viscum minimum*, die zur selben Gattung gehört wie unsere heimische Mistel und deren Speziesnamen ich wohl nicht übersetzen muss. Sie lebt als saugendes Geflecht im Innern von kaktusartigen Gewächsen in Südafrika und gilt aufgrund der nur wenige Millimeter großen Triebe und Beeren, die sich äußerlich am Wirt zeigen, als kleinste parasitische Pflanze der Welt. Kaum größer ist *Arceuthobium minutissimum*, die auf ähnliche Weise unter der Rinde von Himalaja-Kiefern lebt und in Form von grünen, gallenartigen Pusteln zutage tritt. Sie ist eine der wenigen nicht in Nordamerika heimischen Vertreterinnen einer ganzen Gattung von Zwergmisteln, die dort als große Forstschädlinge gelten und auf originelle Weise ihre Samen verbreiten: Statt sie wie andere Misteln von Vögeln weitertragen zu lassen, schießen sie die Kerne explosionsartig per Wasserdruck aus ihren Früchten. Die projektilförmigen Geschosse erreichen dabei Austrittsgeschwindigkeiten von fast 100 km/h und können so auf neuen Wirtsbäumen landen, die in bis zu 20 Metern Entfernung stehen.

Zur großen Sippe der Misteln, genauer der Protzmisteln, gehört noch ein weiterer Vertreter der notorisch nassauernden Sandelholzartigen – der allerdings von seiner Lebensweise her überhaupt keine Mistel ist. Er bildet eine Ausnahme innerhalb seiner luftigen bunten Verwandtschaft, weil es sich bei ihm um einen Baum handelt, der wie die Sandelhölzer im vorigen Kapitel und der afrikanische Chewbacca über seine Wurzeln bei anderen schmarotzt. Wie er das tut, ist allerdings so unglaublich, dass es besonders den Gärtnern unter den Lesern verblüffte Schauer über den Rücken treiben dürfte.

Das Kuriose dabei ist, dass es sich bei diesem bösen Baum um einen Weihnachtsbaum handelt – also eins jener besonderen Exemplare der Pflanzenwelt, die in der christlichen Tradition für Güte, Versöhnung und Nächstenliebe stehen. Zum Weihnachtsbaum wurde er schon, bevor man um seine wenig christlichen Gepflogenheiten wusste. Doch selbst heute, nachdem mit so modernen Methoden wie Fluoreszenzmikroskopie und Isotopenmarkierung das ganze Ausmaß dieser Gepflogenheiten ermittelt wurde, hält man an der Bezeichnung fest.

Schon in den letzten drei Kapiteln ging es ja ziemlich weihnachtlich zu. Da waren zum einen die Albinobäume, die an überzuckerte Christbäume erinnern, dann der für adventliche Bräuche gekappte Mistelzweig. Alle Leser, die aus kulturellen oder persönlichen Gründen nicht viel mit diesem Fest und seinem Drumherum anfangen können, bitte ich deshalb an dieser Stelle um Entschuldigung.

Bleiben Ihnen dafür wenigstens die persönlichen Anekdoten erspart, mit denen ich sonst die Kapitel gerne beginne? Nein, sie werden sogar noch persönlicher, und ich habe sie einfach nur etwas nach hinten verlegt.

Wie mir erst aufgefallen ist, als ich dieses Buch schon ungefähr bis zur Mitte geschrieben hatte, handelte bereits mein allererstes Buch von einem Baum. Wie Sie als vielseitig interessierte*r Sachbuchleser*in sicher wissen, geht es in meinen Büchern sonst in der Regel um Tiere; auch bei diesen mit Vorliebe um ihre dunkle Seite. Aber in meinem ersten Buch, wenn man es denn wirklich so nennen kann, ging es um einen Weihnachtsbaum.

Ich hatte damals gerade mal ein bisschen was als junger Journalist »in den Wind gehustet«, wie es ein älterer Redakteur treffend nannte, träumte aber wie so mancher meiner Zunft vom großen Erfolg als Buchautor. Da ich ehrlich gesagt eine Spur arbeitsscheu war, dachte ich, es könnte für den Anfang auch ein Kinderbuch tun – zur Erhöhung der Veröffentlichungs- und Absatzchancen vielleicht mit weihnachtlichem Thema und zeitgemäßer grüner Message. Die richtigen Zutaten dafür hatte ich auf Lager.

Als Kinder hatten mein Vetter und ich es einmal geschafft, eine riesige Weihnachtstanne, die meiner Erinnerung nach sogar mit Stahlschnüren an der Wand befestigt war, umzuschmeißen – und zwar, weil wir heimlich an die großen Zuckerstangen in den Zweigen kommen wollten, die mein Onkel von seinen Geschäftsreisen in die USA mitgebracht hatte. Die Tanne stand in einem Erker mit hohen Fenstern, fiel aber in die andere Richtung, und auch die Kerzen brannten noch nicht, sodass zum Glück nur jede Menge Christbaumkugeln auf unsere Rechnung gingen. Später bekamen derselbe Vetter und ich unsere Tat dann von einem anderen Weihnachtsbaum heimgezahlt, bei dem es sich wieder um ein Mitbringsel aus den USA handelte. Inzwischen waren wir in dem Alter, wo es weniger unser Ziel war, uns an Heiligabend heimlich ins Wohnzimmer zu schleichen, sondern nach langen X-Mas-Partys unbemerkt nach Hause. Neben der Tür stand jedoch die lächelnde kleine Spielzeugtanne – mit eingebautem Bewegungsmelder – und stimmte jedes Mal in ohrenbetäubender Lautstärke *Jingle Bells* an, wenn wir aufschließen wollten.

In meiner Geschichte wurde daraus ein kleiner Weihnachtsbaum, der keiner sein will: Deshalb helfen ihm zwei Geschwister nach vielen gemeinsamen Abenteuern, wieder nach Hause in den Wald zu kommen. Ein Verlag fand tatsächlich Gefallen an der Story, wollte nur, dass ich sie fein säuberlich in 24 gleich lange Kapitel umschreibe, damit man sie in Form eines Adventskalenders veröffentlichen könne. Mein sonst eher an Hemingway und Tolstoi orientiertes Autorenego zuckte natürlich kurz. Auch wusste ich nicht recht, wie gut es bei der jungen Zielgruppe ankommen würde, wenn man ihr statt dem, was sich sonst hinter den 24 Türchen verbirgt, etwas zum Lesen anbieten würde. Letztendlich ist aber ein sehr schönes, mit einem tollen Covergemälde versehenes Büchlein daraus geworden – das Sie wie alle meine Bücher im Anschluss an dieses unbedingt auf Ihre Leseliste setzen sollten!

Der kleine Weihnachtsbaum, der den Namen Immergrün trägt, wird im Laufe der Geschichte nicht nur mit dicken Winterhandschuhen und frisch polierten Ledertretern ausgestattet. Auch Skier, Skibrille sowie eine wärmende Kombi aus Schal und Bommelmütze legen ihm die Kinder an, bevor das alte Problem mit den fallenden Nadeln die Story in eine andere Richtung lenkt.

Was der kleine herzensgute Baum, den ich mir damals vorstellte, aber nicht in die Hände bekam – und was er natürlich auch nie und nimmer für irgendeinen Zweck verwendet hätte –, ist eine Gartenschere.

Gegen Ende des Jahres 1880 reiste die viktorianische Künstlerin Marianne North mit der Kutsche von der Hafenstadt Albany quer über den grünen Westzipfel Australiens nach Perth.

North war die reiche Erbin eines englischen Landbesitzers und hätte es sich eigentlich auf ihrem Anwesen im heimischen Sussex gemütlich machen können. Seit dem Tod ihres Vaters hatte sie sich jedoch vorgenommen, die Welt zu bereisen, um ihre große botanische Vielfalt zu dokumentieren, die man damals schon als vom Menschen bedroht empfand. Im Laufe ihrer Reisen produzierte sie fast tausend Gemälde, die zum größten Teil heute noch in einer von ihr selbst gestifteten Galerie in den Kew Gardens in London zu bewundern sind. Die Wände in dem an einen griechischen Tempel erinnernden Bau sind so voll mit ihren exotischen Studien und Landschaften, dass die berühmte Petersburger Hängung dagegen locker wirkt. Und wenn Sie jemals das Gefühl plagte, selbst in Zeiten von weg.de & Co nicht besonders viel in der Welt herumgekommen zu sein, spreche ich nur eine sehr eingeschränkte Empfehlung aus.

Tatsächlich war North mit Pinsel und Leinwand bereits über sämtliche Kontinente getingelt, bevor sie auch Down Under bereiste. Den Tipp dazu bekam sie von ihrem Freund Charles Darwin, dem Vater der Evolutionstheorie persönlich. Dieser hatte als junger Mann selbst Australien besucht und nicht allzu lange zuvor seine revolutionären Thesen veröffentlicht. Sie waren mit ein Grund, warum sich feine englische Ladys damals so gerne mit der Natur beschäftigten. Ohne Eindrücke vom Fünften Kontinent, dessen Flora »so anders war als irgendwo sonst«, konnte die Künstlerin laut dem großen Forscher ihr Werk jedoch nicht vollständig nennen.

North machte ihre Fahrt auf der damals schon gut befestigten Strecke des heutigen Albany Highway, die zu jener Zeit noch durch viel unberührtes Wald- und Buschland führte. Als sie schließlich auf den bösen Baum stieß, von dem dieses Kapitel handelt, hatte sie bereits etliche andere Missetäter aus diesem Buch porträtiert. Zum Beispiel eine Würgefeige in Queensland, deren Wurzeln auch sie an die Arme eines »schrecklichen Seemonsters« erinnerten, natürlich jede Menge der allgegenwärtigen Eukalypten sowie unmittelbar zuvor die australische Ausgabe eines Sandelholzbaums.

Als sie jetzt am Rand einer Ebene eine Reihe kleiner Bäume mit großen, leuchtend orangenen Blütenbüscheln erblickte, war es jedoch auch für die vielgereiste botanische Weltenbummlerin etwas ganz Besonderes. Nie werde sie die flammende Pracht jener »Mistelbäume« vergessen, schrieb sie später in ihren Memoiren, die ihr wie ein »Buschfeuer ohne Rauch« vorkamen.

Dass die fraglichen Bäume Parasiten sind, wurde damals schon vermutet, und auch die begeisterte Künstlerin notierte es pflichtschuldig in ihren Aufzeichnungen. Die bis zu zehn Meter hohen Gewächse mit der rauen grauen Rinde und den schmalen Blättern spielten bereits bei den Aborigines eine besondere Rolle. Im Glauben der südwestlichen Noongar-Stämme dienten ihre Blüten und Zweige als eine Art Rastplatz, auf dem sich die Seelen von Verstorbenen auf ihrem Weg ins Land der Ahnen kurz ausruhten. Deshalb war alles an den »Seelen-« oder »Totenbäumen« tabu, selbst Kängurus durften nicht in ihrem Schatten erlegt werden, und die Nachkommen der Noongar meiden sie bis heute. Kinder bekamen Schauergeschichten vom bösen Geist Nyowalong erzählt, der nachts durch den Wald zieht, bei jedem Schritt krächzt und unzählige Beutel bei sich trägt, in denen er das Harz der heiligen Bäume sammelt.

Dieses gilt bei modernen Fans von sogenanntem Bush Food als so süß wie die Zuckerstangen, von denen mein Vetter und ich seinerzeit nicht die Finger lassen konnten. Doch hätten wir heimlich davon zu naschen versucht und wären dem fiesen Nyowalong in die Falle gegangen, es hätte sich nicht mal gelohnt. Obwohl es selbst in wissenschaftlichen Aufsätzen so beschrieben wird, ist das Harz nämlich gar kein natürliches Busch-Candy, wie zwei Anthropologen erstaunt feststellten, als sie es einfach mal selbst probierten. Vielmehr hat es nicht nur die Konsistenz, sondern auch den faden, leicht bitteren Geschmack von Silikonmasse.

In der Sprache der Noongar heißt der heilige Baum Moojar oder Kaanya. Doch bei Ankunft der Europäer bekam er natürlich alle möglichen anderen Namen. *Nuytsia floribunda,* seine lateinische Fachbezeichnung, ehrt im ersten Teil den holländischen Entdecker Pieter Nuyts. An Bord des *Goldenen Seepferds,* einem Schiff der Niederländischen Ostindien-Kompanie, erforschte er bereits Anfang des 17. Jahrhunderts die Küste Westaustraliens und stieß dabei auch auf einen der auffälligen Bäume. *Floribunda,* der Speziesname des einzigen Vertreters seiner Gattung, bezieht sich auf seine üppigen Blüten. Diese sind nicht nur leuchtend orange, sondern wachsen auch in langen dichten Ständen, die ein bisschen wie prächtig gefärbte Staubwedel aussehen.

Die Blüten erscheinen ab Anfang des australischen Sommers, also unseres Winters, und als im 19. Jahrhundert immer mehr europäische Siedler nach Westaustralien kamen, blieben sie natürlich auch ihnen nicht verborgen. Schnell bürgerte sich der Name »Feuerbaum« oder »Flammenbaum« für das Gewächs ein. Der Grund war entweder, dass die Blüten den Beginn der schon in Kapitel fünf ausführlich behandelten Feuersaison ankündigten, oder wie Flammen auf den Ästen wirkten – was ja auch Marianne North auffiel. In ihren Aufzeichnungen nannte sie den Baum seiner botanischen Verwandtschaft entsprechend zwar Mistelbaum. Doch für den Titel seines Porträts – das heute als *Study of the West Australian Flame-tree or Fire-tree* in den Kew Gardens hängt – wählte sie die poetischere Variante.

Ein anderer Spitzname hätte sich weniger gut unter dem schönen Bild gemacht: Das Gewächs wurde anfangs nämlich auch gerne als Kohlbaum bezeichnet. Als Grund wird manchmal der dumpfe Geruch angegeben, den der Baum beim Fällen von sich geben soll. In Wirklichkeit geht der Name aber wohl auf sein weiches, schwammartiges Holz zurück, durch das sich selbst dickere Äste ähnlich leicht abbrechen lassen wie Kohlstängel.

Zugleich bürgerte sich im Volksmund schon früh ein weiterer Name für den Baum ein – der derjenige ist, der sich schließlich durchsetzte. Seine flammenden Blüten kündigten nicht nur Feuer an oder sahen wie Feuer aus: Sobald sie pünktlich zum australischen Sommer aufgingen, wärmten sie auch das Herz der in der Ferne neu anfangenden Siedler mit Erinnerungen an die heimische Winterzeit.

Der offizielle englische Trivialname des Gewächses lautet deshalb heute Westaustralischer Weihnachtsbaum.

Diesen Namen benutzte auch schon der Botaniker Desmond Herbert, als er im April 1919 die neusten Erkenntnisse über dieses »vielleicht interessanteste Mitglied der Flora Westaustraliens« vortrug. Der große junge Mann mit der sonnengebräunten Haut war der Sohn eines Obstbauern aus Victoria, hatte gerade erst seinen Bachelor gemacht und mit nur 20 Jahren die Stelle eines staatlichen Pflanzenexperten angetreten. Nun stellte er im Western Australian Museum in Perth vor der örtlichen Abteilung der Royal Society eine seiner ersten größeren Studien vor. Der Titel: »*Nuytsia floribunda* (Der Weihnachtsbaum) – Aufbau und parasitische Lebensweise«.

Herbert ging zunächst auf die seltsame Schwammstruktur des Holzes sowie auf die manchmal mehr als 100 Meter langen unterirdischen »Stängel« der Bäume ein, aus denen ähnlich wie bei Götter- und Mammutbäumen neue Ableger sprießen.* Dann kam er jedoch zum eigentlichen Knüller seines Vortrags. Fotografien hatten noch nicht lange begonnen, Zeichnungen und Malereien wie jene von Marianne North als Medium der botanischen Darstellung zu ergänzen. Doch in diesem Fall wollte der junge Forscher nicht darauf verzichten.

Die merkwürdigen Saugnäpfe, mit denen etwa Sandelholzbäume unter der Erde ihre Nachbarn aussaugen, waren zu diesem Zeitpunkt schon lange bekannt. Aber bei den wei-

* Anders als bei den knospenden Wurzeln der bisher beschriebenen Selbstkloner handelt es sich in diesem Fall um ein sogenanntes Rhizom. Es weist durch verdickte Knoten getrennte Abschnitte, stängelartige Leitbahnen sowie andere Merkmale einer normalerweise senkrecht wachsenden Sprossachse auf. Verwirrenderweise leitet sich der Begriff vom altgriechischen Wort für Wurzelstock ab, und so wird das Rhizom auch oft im Deutschen genannt.

ßen fleischigen Gebilden, die auf den grobkörnigen Schwarz-Weiß-Aufnahmen zu sehen waren, handelte es sich um ein wissenschaftliches Novum. Als wollten auch sie zum weihnachtlichen Charme ihres Trägers beitragen, hefteten sich die von seinen Wurzeln abgehenden Haustorien nicht als kleine Saugwarzen an fremde Wasser- und Nährleitungen. Vielmehr wuchsen sie ganz um sie herum, sodass sie die Wurzeln schließlich umgaben wie dicke weiße Serviettenringe.

Herbert nannte diese Ringe einzigartig – und tatsächlich kennt man bis heute keinen anderen pflanzlichen Parasiten, der sie bildet. Etliche ältere Kollegen von Herbert hatten bisher behauptet, dass es sich beim Australischen Weihnachtsbaum überhaupt nicht um einen Schmarotzer handelt. Doch wie jetzt klar wurde, hatten sie einfach nur seine Wurzeln nicht behutsam genug ausgegraben. Diese zweigen meist von den unterirdischen Stängeln der Bäume ab, teilen sich mehrmals und gehen in dünne weiße Stränge über, aus denen noch zartere Feinwurzeln sprießen, an denen sich schließlich die ringförmigen Saugorgane bilden. Das gesamte schmarotzerische Netzwerk des Baums und seiner Ableger kann sich so über die Fläche eines australischen Rugbyfelds erstrecken (was Bewunderer oft zu der etwas irreführenden Aussage verleitet, der Weihnachtsbaum habe noch längere Saugwurzeln als *Okoubaka aubrevillei*). Reißt man die Wurzeln jedoch zu achtlos aus der Erde, brechen die Verbindungen zu den Ringen ab und sehen aus wie ganz normale Wurzelfäden.

Das genaue Auge des in die Wissenschaft gewechselten Farmerssohns brachte noch andere Wunder zutage. Er erkannte, dass eine zu starke »Beringung« oft zum Tod der angezapften Sträucher und Bäume führte, und berichtete von Schneisen

Erstrahlt zur Adventszeit in voller Pracht, selbst wo andere darben: der Westaustralische Weihnachtsbaum.

der Verwüstung, die sich entlang der unterirdischen Stängel durch die Landschaft zogen. Klug verglich er diese Stängel mit den unter der Rinde verlaufenden Auslegern der verwandten Misteln, von denen ebenfalls weitere Zapfstellen abgingen. Wen zapfte der Weihnachtsbaum an? Vom kleinsten Kraut bis zum größten Baum praktisch alles, ob alteingesessenes Lokalgewächs oder eingeführter Exot. Herbert hatte die Saugringe an für die Region typischen Perl- und Kranichblumen gefunden, an Stinksträuchern und invasivem Sauerampfer, an Proteen, Banksien, Teebäumen und Akazien. In den Gärten an der Küste trugen die feinen Wurzeln von Rosen, Geranien und englischem Rasen den unerwünschten Schmuck. Im seit Marianne Norths Reise massiv angewachsenen Kulturland lagen Ackerbohnen, Weinreben und Orangenbäume in Ketten.

Ein Ring, sie alle zu knechten: Indigene Arbeiter weigerten sich oft, den Seelenbaum zu fällen, Europäer ließen ihn wegen seiner schönen Blüten oder aus weihnachtlicher Nostalgie stehen. Herbert glaubte jedoch, dass es vor allem an seiner heimlichen Macht über sämtliche anderen Pflanzen lag, dass man ihn am Rand von Siedlungen und Weiden wie auch im verbliebenen Buschland oft als *last tree standing* sah, während der Rest der Vegetation darbte. J. R. R. Tolkiens Fantasyklassiker erschien erst Jahrzehnte später, und bis zur Verfilmung im nahen Neuseeland war es noch länger hin. Dieser pflanzliche »Herr der Ringe« hätte aber auf jeden Fall gut hineingepasst.

Manche dieser Ringe waren tatsächlich so groß wie Serviettenringe, und wie die Sandelhölzer steckte sich der Weihnachtsbaum in seinem Übereifer auch schon mal selbst einen an. Herbert stieß auf Banksien und kleine Myrtenbäume, bei denen nahezu jede Wurzel beringt war, was häufig zu deren Tod führte. So wie sich ihm die Sache darstellte, engten die Ringe die Wurzeln in ihrem Dickenwachstum ein, ähnlich wie die Fesseln der Würgefeige den Stamm ihrer Opfer. Wie Senker bei der Mistel wuchsen innen aus dem Ring gleichzeitig »zungenartige Gewebemassen«, um per Osmose organische Nährstoffe und Stickstoff aus der fremden Wurzel zu schlecken. Die starb daraufhin in der Regel unterhalb des Rings ab – genau wie bei zu großer Auszehrung die ganze oberhalb liegende Pflanze.

Um zu zeigen, wie schnell das gehen konnte, legte Herbert eine (nach den hochmodernen Fotos etwas unbedarft wirkende) Zeichnung einer Karotte vor. Dieses beliebte Gemüse ist eigentlich nichts anderes als eine als Speicherorgan genutzte Wurzel und wurde so ebenfalls attackiert. Der Ring hatte sich gebildet, als man die Karotte schon fast als Babymöhre hätte ernten können. Doch zur Hälfte der etwa dreimonatigen Reifezeit zur ausgewachsenen Karotte war sie bereits tot. Obwohl Herbert keine genauen Zeitangaben machte, bedeutete das wohl, mit Karotten ging es ab Kontakt mit den Weihnachtsbaumwurzeln etwa genauso schnell zu Ende wie im Gemüsefach eines hoffnungslosen Fleischessers.

Die Studie des jungen Staatsbotanikers war ein voller Erfolg: Zeitgenossen feierten seinen Vortrag als »einen der wichtigsten, der je vor der Royal Society gehalten wurde«.

Als er mit seinen Fotos und Zeichnungen unterm Arm das große Museumsgebäude im Herzen von Perth verließ, das einst als Gefängnis der westaustralischen Hauptstadt gedient hatte, konnte Herbert also mit sich zufrieden sein. Das alte Backsteinmonument wurde jüngst um einen mehr als

250 Millionen Euro teuren Megabau erweitert und 2020 unter dem Namen Boola Bardip – was in der Sprache der Noongar »viele Geschichten« bedeutet – neu eröffnet.

So glänzend der junge Pflanzersohn und Botaniker seine Geschichte jedoch dargelegt hatte, sie war noch lange nicht auserzählt. Gemälde, Zeichnungen, Fotografien: Mit dem, was wir sehen können, verändert sich auch, was wir wissen können, und hier gab es noch ein paar blinde Flecken.

Denn wie der gar nicht so kleine australische Weihnachtsbaum, den wir jetzt als »Herrn der Ringe« kennen, in Wirklichkeit gegen andere Bäume vorgeht, ist noch fantasievoller, als selbst Tolkien es sich hätte ausdenken können.

Wir sind schließlich in Australien, wo alles immer abgefahrener ist als sonst. Und wo Bäume, die über der Erde eigentlich halbwegs normal wirken, darunter mit einer Heckenschere hantieren.

Die Prinzipien der Dunkelfeld- und Fluoreszenzmikroskopie waren zu Desmond Herberts Zeiten bereits bekannt und wurden zum Teil schon wissenschaftlich genutzt. Doch wie exakt man mit ihnen und anderen Methoden heute botanische Strukturen und Vorgänge ermitteln kann, hätte vermutlich selbst ihn gewundert.

In der aufwendigen Studie, mit der zwei Botaniker der University of Western Australia vor einiger Zeit die Funktionsweise der Weihnachtsbaumringe aufklärten, gibt es eine schöne, schwarz unterlegte Aufnahme von etwas, was man im ersten Moment eher der Tierforschung zuordnen würde. Handelt es sich um die Beißzange einer Ameise oder eines Käfers? Die Ähnlichkeit ist verblüffend, aber warum zeigt ein anderes Bild, wie die Zange an einer Wurzel ansetzt? Wieso ist sie in einer Querschnittsaufnahme in den oberen Teil eines weißen Haustorienrings eingebettet, umgeben von zwei balgartigen Schatten? Und was bedeutet es, dass man sie zwei Seiten weiter in einer 3D-Darstellung im unteren Teil des Rings wiedersieht, nun in geschlossenem Zustand, während die darüberliegende Wurzel durchtrennt ist und zwei gierige Gewebezungen an den offenen Enden lecken?

Die Erklärung ist so einfach wie haarsträubend: Bei der Beißzange handelt es sich um die pflanzliche Version einer Garten- oder Heckenschere, mit der der Westaustralische Weihnachtsbaum die Wurzeln anderer Bäume und Pflanzen durchknipst. Ein Baum, der eine Gartenschere verwendet? Das mag sich fast noch verrückter anhören als einer, der Pestizide einsetzt oder Waldbrände legt. Doch genau das stellte sich bei der genaueren Untersuchung der »Serviettenringe« heraus: Sie dienen tatsächlich der Vorbereitung der schmarotzerischen Mahlzeit, indem sie eine Struktur bieten, in der die Schere sich bilden und zukneifen kann. Noch absurder: Wir haben es offenbar sogar mit einer hydraulischen Schere zu tun, wie sie sonst nur ambitionierte Hobbygärtner und professionelle Baumpfleger benutzen.

Dass *Nuytsia floribunda* mit seinen ungewöhnlichen Haustorien nicht auf die gleiche Weise zu seiner Mahlzeit vordringt wie andere Wurzelschmarotzer oder Misteln, wurde schon länger vermutet. Man hatte bereits seltsame »Zinken« in den Ringen gefunden und sich über die glatten Trennstellen an den angezapften Wurzeln gewundert. Um der Sache auf den Grund zu gehen, zogen der Mistelexperte Ainsley Calladine und der Pflanzenphysiologe John Pate fünf Jahre lang junge

Weihnachtsbäume mit verschiedenen Opfern auf und gruben in einem sandigen Banksienwald nördlich von Perth nach Haustorien.

Ihren Untersuchungen zufolge formt sich zunächst der Ring und schnürt wie einst von Herbert beobachtet die wachsende Wurzel ein. Dann bildet sich in dem Teil des Rings, der mit der Wurzel des Weihnachtsbaums verbunden ist, das noch offene »Schneidinstrument«. Es besteht hauptsächlich aus Lignin, das im Holz von Pflanzen für Härte und Festigkeit sorgt, und ist an seinen »Klingen« extrem scharf. Wie die Forscher schreiben, lässt sich damit ein Taschentuch durchtrennen und »sogar ein blutiger Schnitt verursachen, wenn man es fest über die Innenseite einer menschlichen Lippe zieht«.

Die mit Flüssigkeit gefüllten Bälge, die über den Klingen liegen, hielt man zuerst für Drüsen mit Enzymen zum Zersetzen von Rinde und Holz. Wahrscheinlicher ist jedoch, dass sie ähnlich wie bei der Samenkanone der Zwergmisteln den hydraulischen Druck erzeugen, der den Schneidmechanismus antreibt. Dieser drückt die Klingen mit so viel Kraft durch die Wurzel, dass selbst dicke holzige Stränge zerteilt werden. Ge-

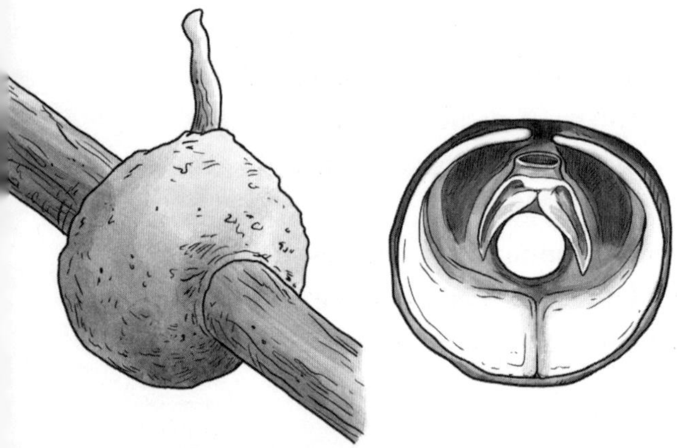

Schnipp, schnapp, Wurzel ab: ringförmiges Haustorium des Weihnachtsbaums und an die fremde Wurzel ansetzende »Gartenschere« im Innern.

nau wie bei einer richtigen Gartenschere schließen sich dabei die Klingen oder kommen sogar überkreuzt im jenseitigen Teil des Rings zum Ruhen. Auch ähnlich schnell wie handelsübliche Geräte scheint der unterirdische Wurzelknipser zu funktionieren: Obwohl sie viele Hundert Haustorien ausgruben und sezierten, kam es nur fünfmal vor, dass die zwei Forscher einen Weihnachtsbaum in flagranti erwischten, also als eine seiner Scheren noch mitten in einer Wurzel steckte.

Das war vielleicht mit ein Grund, warum dem aufmerksamen Desmond Herbert das Ganze nicht aufgefallen war. Mit den Mitteln ihrer Zeit wiesen ihm seine später geborenen Kollegen auch noch einen anderen verzeihlichen Irrtum nach. Sie gaben mit Haustorien befallenen Pflanzen sowohl eine gefärbte Lösung als auch Wasser zu trinken, das mit dem Wasserstoff-Isotop Deuterium markiert war. Dabei stellten sie fest, dass die gierigen Gewebezungen, die sich nach dem Schnitt in die offenen Wurzelenden schieben, nicht wie von Herbert angenommen an Kohlenhydraten interessiert sind. Wie andere Wurzelschmarotzer und Misteln zapfen sie ihrem Wirt hauptsächlich Wasser und Nährsalze ab (nehmen dabei aber auch die besonders von Hülsenfrüchtlern wie Akazien servierten Stickstoffverbindungen auf). Wie bei der Sandelholzzucht in Indien zogen Calladine und Pate für ihre Versuche Schösslinge gemeinsam im selben Topf auf: Dabei stellten sie fest, dass die jungen Weihnachtsbäume ihren Kameraden im Schnitt über dreißig Wurzeln abknipsten, um daran zu schmarotzen.

Das wäre dem kleinen Weihnachtsbaum aus meinem Erstlingswerk natürlich im Traum nicht eingefallen. Auch Marianne North hätte ihren »Feuerbaum« vielleicht in nicht ganz so strahlenden Farben gemalt, wäre ihr das ganze Ausmaß seiner dunklen Abgründe bewusst gewesen. Der junge Desmond Herbert hingegen hätte im heutigen Museum der »vielen Geschichten« eine noch sensationellere Christmas-Tree-Story erzählen können.

In der Umgebung von Perth ist der Weihnachtsbaum dafür berüchtigt, mit seiner Gartenschere nicht nur Wurzeln zu attackieren. Auch Telefonleitungen, unterirdische Stromkabel und dünne Wasserrohre ritzt er regelmäßig an. In den immer weiter wachsenden Vororten, wo er trotz aller Schönheit und schmarotzter Ressourcen zunehmend an Boden verliert, rächt er sich so mit ausfallendem Strom und Internet – gelegentlich auch in den Adventstagen.

10 Tödliche Tamarisken

»Wenn Gott nicht gewollt hätte, dass wir Salz und Fett essen, wieso hat er dann dafür gesorgt, dass beides so gut schmeckt?«

Harry »Rabbit« Angstrom, *Rabbit in Ruhe*

Was Salz angeht, bin ich ein leicht zu berechnender Konsument. Auf dem Regal über meinem Herd zu Hause stehen zwei aufrechte kleine Kartons mit dem selbst für seltene Köche schlecht verzichtbaren Stoff: Auf dem einen ist eine sich brechende Welle und eine Möwe abgebildet, auf dem anderen tummeln sich Fische und Muscheln. Salzhersteller müssen nur irgendwas halbwegs Maritimes auf ihre Packung pinseln, und ich greife zu. Denn obwohl ich es mitten im mittigsten deutschen Binnenland aufs Rührei streue, kommt mir natürlich nur Meersalz ins Haus! Die Konkurrenz aus Bad Reichenhall kann noch so viel gesundes Jod und Fluorid beigeben, ihr »weißes Gold« handschöpfen und mit Bergkräutern aufpimpen: Ich kaufe doch kein Salz aus den Tiefen der Alpen, wenn ich auch welches aus den Weiten der Ozeane haben kann!

Was natürlich irgendwie bescheuert ist, weil Bergsalz

eigentlich Meersalz ist und umgekehrt. Denn zum einen stammen die in den Alpen und anderswo abgebauten Salzschichten aus einem mit eigenen Haien, Heringen und Armfüßern bevölkerten Urmeer, das vor sehr langer Zeit Teile Europas bedeckte. Andererseits sind Meere hauptsächlich deshalb salzig, weil Flüsse seit jeher mineralische Salze in sie hineinspülen, ohne dass sie bei der Verdunstung von Meerwasser zu Wolken wieder daraus verschwinden. Ob ich beim Frühstück ans Meer oder an die Berge denke, bleibt also im Grunde mir überlassen.

Obwohl ich selten zum Arzt gehe, bin ich sicher, dass ich die von den deutschen Behörden und erst recht die von der WHO empfohlenen Grenzmengen an Salz nicht mal im Ansatz einhalte. Wie schädlich das wirklich für mich ist und mir zum Beispiel einen erhöhten Blutdruck bescheren könnte, scheint ja ähnlich wie bei Kaffee und (in Maßen konsumiertem) Wein immer noch nicht ganz klar zu sein. Anders sieht es bei Bäumen aus, um die es in diesem Buch eigentlich geht: Sie leiden nachweislich darunter, dass wir sie regelmäßig übersalzen.

Das geschieht natürlich mit Streusalz, das meist nichts anderes ist als Speisesalz, aber mehr Unreinheiten und Zusätze enthalten darf, weshalb man hier nicht zu sparen versuchen sollte. Von der weitgehend autarken deutschen Salzproduktion macht nur ein sehr kleiner Teil unsere Speisen salziger, ein größerer wird zum Konservieren von Fisch, Tierdärmen, Leder sowie zum Färben von Textilien eingesetzt, während der weitaus größte Teil der chemischen Herstellung von Plastik, Arzneien, Schwimmbadchlor und Ähnlichem dient. Je nach Strenge des Winters wird aber immerhin ein Zehntel bis ein Viertel zum Streuen der Straßen verwendet.

Dafür eignet sich Salz leider unschlagbar gut, sodass sich nur kleine Gehwegverantwortliche zweimal umschauen müssen, bevor sie sich damit unerlaubterweise das mühsame Schneeschaufeln ersparen. Vom Winterdienst wird es zu unser aller Nutzen relativ großzügig aufgebracht und entfaltet dann wie folgt seine Wirkung: Treffen die chemisch als Natriumchlorid bezeichneten Salzkristalle auf Reste von Wasser auf dem Eis (oder werden selbst vorher angefeuchtet), lösen sie sich zu Natrium- und Chlorid-Ionen auf. Diese drängen sich in die feste Kristallstruktur, die Wasser bei Minusgraden bildet, stören die Bindungen zwischen den Wassermolekülen und bringen sie so wieder in einen freieren, flüssigeren Zustand.

Das ist gut für uns, nicht jedoch für Bäume und andere Pflanzen am Straßenrand. Schon das unmittelbar nach dem Auftauen verspritzte und aufgewirbelte Salzwasser kann schlummernde Knospen und kleine Zweige verätzen, bei Nadelbäumen und anderen immergrünen Pflanzen auch die Blätter. Ebenso können durch die salzigen Aerosole die schützenden Schuppenblätter von Knospen austrocknen, sodass sie im kalten Winterwind erfrieren. Die braunen Blätter, abgestorbenen Zweige und verkümmerten Blüten werden dann meist erst im nächsten Frühling sichtbar.

Noch schlimmer sind die Auswirkungen auf den Boden. Hier verdrängen die in die Erde geschwemmten Salzionen wichtige Mineralstoffe, was Pflanzen zu einem ähnlich unvernünftigen Essverhalten zu verführen scheint, wie wenn vor uns eine offene Tüte Kartoffelchips auf dem Tisch liegt. Statt gesunder Nährstoffe wie Kalium und Phosphor nehmen sie dann lieber Natrium und Chlorid auf, was besonders im letzteren Fall weder der Produktion von Chlorophyll noch der damit durchgeführten Fotosynthese guttut. Gleichzeitig bindet das in den Boden eingebrachte Salz Wasser, sodass es für Pflanzen schwerer wird, über ihre Wurzeln ihren Durst zu löschen. Als wäre das alles noch nicht genug, verdichtet das Salz das Erdreich, wodurch es noch anstrengender wird, daran zu zuzeln.

Die Folgen reichen von abgestorbenen Feinwurzeln, verlorenen Freundschaften zu Wurzelpilzen und vertrockneten Blättern bis hin zu leichter aufgenommenen Schwermetallen. Besonders Bäume, die mit ihren »Füßen« direkt an regelmäßig gestreuten Wegen und Straßen stehen, werden so geschwächt und für Krankheiten anfällig, speziell salzempfindliche Arten wie Ahorn, Linde oder Kastanie. Wenn wir an diesen in heißen Sommern welkes Laub oder ungesunde Zweigbüschel in Form von »Hexenbesen« sehen, dann kann es gut daran liegen, dass wir mit unseren eigenen Füßen im Winter sicher auftreten wollten.

So sind wir nun mal, wir stets vor allem auf unser eigenes Fortkommen bedachten Menschen. Aber wenn wir unter Blättern einherwandeln, die sanft in der warmen Brise rascheln, stellen wir uns gerne vor, dass die weisen, edlen Bäume es besser wissen.

Das tun sie selbstverständlich nicht. Und wenn Sie gedacht haben, dass auf Bäume, die Pestizide, Molotowcocktails und Gartenscheren verwenden, nicht auch einer folgt, der Streusalz verteilt, dann haben Sie in den letzten neun Kapiteln nicht gut aufgepasst.

Wer an typische Westernpflanzen denkt, hat wahrscheinlich einsam zwischen roten Felstürmen aufragende Kakteen oder vom Wind durch staubige Prärien getriebene Steppenroller vor Augen. Doch dort, wo es etwas weniger staubig zugeht, wie etwa an den Ufern von großen Westernflüssen wie dem Missouri, dem Colorado oder dem Rio Grande, wird dieser Part von der amerikanischen Schwarzpappel übernommen.

Diese ähnelt unserer heimischen Schwarzpappel und flüstert genauso schön mit ihren zitternden Blättern, wenn ein Lüftchen übers Wasser zieht. Wegen des weißen Flaums an ihren vom Wind verwehten Samen wird sie in den USA »cottonwood«, also Baumwollbaum, genannt und ist mit Wyoming, Nebraska und Kansas der offizielle Baum von drei Cowboystaaten. In einem Mitte der 60er erschienenen Essay beklagt die amerikanische Schriftstellerin Joan Didion, dass sie nie einen Mann wie John Wayne kennengelernt habe, der ihr wie im Film ein Haus am Fluss verspricht, »wo die Cottonwoods wachsen«. Im Titellied zum Westernklassiker *Rio Bravo* singt der mit Wayne auftretende Dean Martin beim einsamen Uferspaziergang von seiner verflossenen Liebe, von der selbst die »Vöglein in den Cottonwoods« wüssten.

Im 50 Jahre später gedrehten Neowestern *No Country for Old Men* singt niemand und es kommen auch keine Schwarzpappeln vor. Der düstere und brutale Streifen basiert auf einem Roman von Cormac McCarthy, der in seinen Büchern zwar Natur und Landschaft des amerikanischen Südwestens zelebriert, aber dem dort angesiedelten Cowboydasein nur wenig Romantik lässt. Wie der alte Western mit dem säuselnden Dean Martin spielt der Film in Texas, wo der durch

New Mexico fließende Rio Grande zum Grenzfluss Rio Bravo wird. Die Bösewichter sind hier jedoch keine reichen Rancher mehr, sondern mexikanische Kartelle, vor denen die angeschossene Hauptfigur am Anfang durch ein Flussbett flieht. Da ihr ein geifernder Pitbull auf den Fersen ist, ist die Szene zu spannend, um auf viel anderes zu achten. Doch egal wo genau sie im Südwesten gefilmt wurde, man kann ziemlich sicher sein, dass im Hintergrund ein paar buschige kleine Bäumchen namens Tamarisken stehen.

Tamarisken kommen ursprünglich rund ums Mittelmeer und in den warmen Ländern Asiens vor. Obwohl er auf Hebräisch einen Baum bezeichnet, sind sie nicht nach dem im Alten Testament und meiner Jugend hippen Namen Tamara benannt, sondern nach einem antiken spanischen Fluss.* An Flüssen und Küsten leben Tamarisken auch gern, besonders in trockenen Gebieten, wo sich durch Verwitterung und Verdunstung viele Salze im Boden sammeln. Aufgrund ihrer schuppenartigen kleinen Blätter werden sie oft mit Nadelhölzern wie Wacholdern oder Thujen verwechselt (die in den USA wiederum gerne mit Zedern verwechselt werden). Dieser Irrtum klärt sich jedoch schnell auf, wenn sie blühen und sich ihre Zweige in eine solche Fülle aus prächtigen rosa Büscheln hüllen, als hätten sämtliche Bardamen von Dodge City ihre Federboas daran aufgehängt.

Genau wegen dieser Büschel wurden Tamarisken im 19. Jahrhundert in die USA eingeführt und machten dann eine

* So jedenfalls eine häufig zitierte und verlässlich wirkende Quelle. Anderswo wird die Bezeichnung ebenso wie jene des nicht verwandten Tamarindenbaums von dem Wort »tamar« hergeleitet, das auf Hebräisch und Arabisch »Dattelpalme« bedeutet.

ähnliche Karriere vom Modebaum zum Hassobjekt durch wie der Götterbaum aus Kapitel sechs. Im kultivierten Nordosten wurden sie von Gartenbauern für ihre elegante Gestalt gelobt, die besonders anziehend am frühen Morgen wirke, »wenn sich die Zweige unter dem Gewicht des silbrigen Taus neigen«. Im rauen Südwesten hingegen lernte man das hübsche Ziergewächs bald für seine praktischen Eigenschaften schätzen und pflanzte es überall, wo man schnell wachsende Büsche und Bäume brauchte, denen weder Trockenheit noch salzige Böden etwas ausmachten. Auf Farmen wurden Tamarisken als Schattenspender für kleines Viehzeug eingesetzt. Auf staubigen Ebenen als Windschutz, an dem sich die (ursprünglich ebenfalls nicht aus den USA stammenden) Steppenroller sammeln konnten. Und – eine besonders fatale Entscheidung – an Flüssen als Uferbefestigung und natürlicher Sonnenschirm, der das Verdampfen des kostbaren Wassers verhindern sollte.

Das große Pflanzen begann noch vor Anfang des 20. Jahrhunderts in Arizona, New Mexico, Texas sowie den umliegenden Staaten und entpuppte sich als extrem erfolgreich. Auf alten Aufnahmen aus den 1920ern und 1930ern kann man offene Flussläufe mit der typischen Ufergesellschaft aus Schwarzpappeln und Weidensträuchern erkennen. Doch schon damals hatte der nützliche Exot begonnen, sich nicht mehr an die ihm zugewiesenen Standorte zu halten und besonders hier unten in den trockenen Wüsten und Halbwüsten, aber auch anderswo ganze Gewässersysteme zu erobern. Am aus den Rockies kommenden Colorado und den unzähligen Zuflüssen, die ihn auf seinem Weg durch den Grand Canyon und hinab nach Mexiko speisen: Überall tauchten plötzlich die kleinen buschigen Bäumchen auf, drängten vom Ufer bis in die Flussbetten oder bildeten sogar richtige kleine Wälder. Auch am Rio Grande, dem zweitmächtigsten Fluss der Region, saßen die Vöglein vermutlich schon längst nicht mehr nur in Schwarzpappeln, als Dean Martin in den 1950ern davon sang.

»Ich glaube, es gibt keinen Baum, der es mit der Tamariske aufnehmen kann«, erzählt ein Zeuge aus jener Zeit, als würde er von einem berüchtigten Revolverhelden sprechen: »Die Cottonwoods gehen einfach ein, wenn sie in der Nähe stehen.« Etwas später wurde der Autor Edward Abbey, der viel über den Südwesten geschrieben hat und als geistiger Vater des radikalen Umweltaktivismus gilt, in seiner Abneigung noch deutlicher. »Wie jene andere typische Wüstenpflanze, der Steppenroller, ist die Tamariske nicht im amerikanischen Westen heimisch«, hielt er fest. »Sie kommt aus Nordafrika, und wie es oft bei Exoten ist, hat sie sich in ihrer neuen Umgebung ausgebreitet wie eine Landplage, verstopft in den Wüsten die Wasserläufe und verdrängt die Weide, die Schwarzpappel, die Zuckerbeere und den Eschenahorn.«

In den ersten Jahrzehnten ihrer selbst verschuldeten Landnahme hätten sämtliche Exemplare der Plage noch in eine größere Westernstadt gepasst. Anfang der 1960er konnte man trotz der fast ausschließlichen Ausbreitung in Uferregionen schon locker den kleinsten US-Bundesstaat damit bedecken, und bis heute ist vermutlich noch mal eine ähnliche Fläche hinzugekommen. Zusammen mit dem ebenfalls selbst ausgesäten afrikanischen Büffelgras, das den Lebensraum der Wüstenkakteen bedroht, gilt die Tamariske als größte pflanzliche

High Noon am Colorado River: Die prächtig blühende Tamariske gewinnt an den Flüssen des US-Westens das Duell gegen die heimische Ufervegetation aus Pappeln und Weiden.

Gefahr für die einzigartige Vegetation des amerikanischen Südwestens und hat es inzwischen bis hoch nach Kanada und runter nach Mexiko und Florida geschafft. Einzig der Nordosten der USA, wo sie einst wegen ihrer eleganten Zweige eingeführt wurde, ist einigermaßen von ihrem ausufernden Expansionsdrang verschont geblieben.

Dass das Bäumchen dabei heimischen Bäumen den Platz streitig macht, ist nicht das einzige Problem. Es steht auch schon lange in Verdacht, dem Boden übermäßig viel Wasser zu entziehen und ihn gleichzeitig zu verseuchen. Ähnlich wie Götterbaum, Eukalyptus und andere arboreale Ausbreitungstalente muss es sich dafür einiges anhören.

»Teufelsbaum«, »Wassergeier« oder »Seuche des Südwestens« lauten zum Beispiel von Journalisten und Geologen gebrauchte Schimpfnamen. Schon in den 60ern rief ein Kommentar der in Utah erscheinenden *Salt Lake Tribune*, der es mithilfe der US-Forstverwaltung bis vor den Kongress schaffte, dazu auf, der Tamariske »den Krieg zu erklären«. Zur Unterstützung der staatlichen Maßnahmen gründete sich später in Colorado die Tamarisk Coalition, ein hochprofessioneller Naturschutzverein, der diesen Krieg inzwischen im gesamten amerikanischen Westen führt. Die weit größere Nature Conservancy setzte den »eurasischen Eindringling« auf ihre Liste von »America's Least Wanted«, den am wenigsten gewollten invasiven Arten, bei denen er zum besonders gefährlichen »Dreckigen Dutzend« zählt. Die University of Nevada stieß ins gleiche Horn und veröffentlichte ein Poster von dem »Outlaw« mit der Aufschrift: *Wanted – Dead, Not Alive!* Das *High Country News*, ein auf den Westen spezialisiertes Monatsheft, machte einmal sogar mit einer skurrilen

Endzeit-Story über einen »Tamariskenjäger« auf, der in der noch trockeneren Zukunft für drei Dollar am Tag die verhassten Pflanzen killt.

Weniger fantasievoll, dafür schön knapp brachte eine große regionale Zeitung die Kritik an dem Gewächs auf den Punkt: »Es ist ein Wasser saufendes, Brände anheizendes, Lebensräume zerstörendes, Salz verbreitendes Monster.«

Schätzungen zufolge ist die Tamariske heute das dritthäufigste Gehölz an den Flüssen des amerikanischen Westens, knapp hinter Schwarzpappel und Koyotenweide, und nimmt mit ihren Kronen bereits den zweitmeisten Platz ein. Am Unterlauf des Colorado, wo dieser sich endlos durch Felsen, Wüsten und künstlich bewässerte Felder schlängelt, stellt der Exot sogar insgesamt 90 Prozent der Vegetation. Ein paar der Eigenschaften, die ihm dabei geholfen haben, so ungeheuer erfolgreich und unbeliebt zu werden, kennen wir schon von anderen bösen Bäumen.

Da sind zum einen die Samen. Mit gut einer halben Million pro Blütezeit, die sich fast übers ganze Jahr von Frühling bis Herbst erstreckt, sind es zwar nicht so viele wie gelegentlich beim Götterbaum. Doch mit einer selten erreichten Maximalgröße von knapp zehn Metern bleibt die in den USA am weitesten verbreitete Tamariskenart, *Tamarix ramosissima,* ja auch ein ganzes Stück kleiner.

Wie jene der Schwarzpappel segeln die aus kleinen spitzen Schoten hervorbrechenden Samen an flaumigen Fallschirmen davon, können sich aber auch von Flüssen mittragen lassen. Wo sie keimen, bildet die Tamariske tiefe Wurzeln, mit denen sie nicht nur den seltenen Regen und ins Ufer geschwemmtes Flusswasser aufnimmt, sondern sich am Grundwasser bedient. Das machen auch heimische Pflanzen wie Cottonwoods, Weiden und Mesquitebäume. Die Bodenforscher der von chronischer Dürre geplagten Region haben sogar einen besonderen Namen für solche Gewächse: Sie nennen sie Phreatophyten, also »Brunnenpflanzen«, weil sie sich wie ein Farmer mit seiner Handpumpe das Wasser von dort holen, wo es sich in tieferen Erdschichten sammelt.

Die Tamariske steht jedoch im Ruf, besonders lange und tüchtige Wurzelpumpen zu haben, die mehr als zehn Meter tief reichen können. Das ist in der Regel tiefer als bei den einheimischen Brunnenpflanzen, und die Wurzeln einer in ihrer mediterranen Heimat ausgegrabenen Tamariske sollen sogar mehr als 30 Meter hinab ins Erdreich geführt haben. In einer Studie wurde geschätzt, dass nur ein einziges Bäumchen so bis zu 750 Liter Wasser pro Tag aus dem Boden saugen und veratmen kann – die Füllung von vier Badewannen oder einem zum Betrachten des winterlichen Wüstenhimmels aufgestellten Whirlpool. Das wäre weit mehr als bei Phreatophyten »Made in USA« und würde nicht nur diesen, sondern auch den sowieso seit jeher um jeden Tropfen ringenden Menschen der Region fehlen. Ein Forscher hat sogar ausgerechnet, dass die an den Flüssen des US-Westens wachsenden Tamarisken gemeinsam so viel Wasser verbrauchen wie sämtliche Städte Südkaliforniens zusammen.

Für die mit der Tamariske lebenden Pflanzen noch schlimmer ist aber vielleicht, was sie mit dem Wasser macht. Zum einen nutzt sie das kostbare Nass und die darin gelösten Nährstoffe natürlich für Fotosynthese und Wachstum: So wächst sie wie die Ableger des Götterbaums bis zu vier Meter in nur einer Saison – was oft schon genügt, um die Konkurrenz zu überschatten. Einen weiteren Vorteil verschafft sie sich mit einem üblen Trick, der ihr in den USA den Namen »Salzzeder« eingebracht hat: Sie pumpt das viele Salz, das gerade in trockenen Gegenden oft in Boden und Grundwasser schlummert, mit dem aufgenommenen Wasser hinauf und lagert es in den oberen Erdschichten wieder ab. Wie wir mit unserem Streusalz versalzt sie so Schwarzpappeln, Weiden und anderen Pflanzen wortwörtlich die Suppe.

Wie schon erwähnt, wächst die Tamariske besonders häufig auf salzigen Böden. Die können an Küsten liegen, wo sich das Salz aus dem Meerwasser ablagert, oder auch im trockenen, heißen Inland, wo der Regen zu schnell verdunstet, um die Salze aus dem Boden mit den Flüssen ins Meer zu spülen. Das Bäumchen kann besonders gut mit solchen Bedingungen umgehen, und wie für Brunnenpflanzen haben Botaniker natürlich auch für solche Gewächse einen speziellen Namen: Nach dem griechischen Wort für Salz nennen sie sie Halophyten, also »Salzpflanzen«.

Typische Salzpflanzen sind Mangroven, die zum Beispiel an den Küsten Floridas ihre »Füße« ins Salzwasser halten, aber auch Queller, Schlickgräser oder Strandastern, die an der nicht weniger schönen deutschen Nordseeküste wachsen. Die Methoden, mit denen diese Pflanzen einen Überschuss an Salz in ihrem System vermeiden, sind vielfältig. Einige blockieren bereits die Aufnahme an den Wurzeln, andere verwässern es in ihren aufgequollenen Stängeln, dritte scheiden es über spezielle Drüsen wieder aus, wie es auch Meerwasser trinkende Schildkröten und Seevögel machen. Bei manchen Mangroven entsteht so eine Salzkruste ums Blatt wie bei einer frisch servierten Margarita, und auch die Tamarisken haben an ihren schuppenförmigen Blättchen solche nützlichen Drüsen, an denen sich kleine Kristalle aus überschüssigem Salz bilden. Käme man in der Wüste Arizonas auf die Schnapsidee, einen aus der kaktusähnlichen Agave gebrannten Tequila zu trinken, und hätte kein Salz zur Hand, man könnte einfach an einem Zweig der Salzzeder lutschen.

Andere Pflanzen bringt das aus den Tiefen der Wüste gewonnene Salz aber keineswegs in Partystimmung. Es gelangt wohl hauptsächlich in den Boden, wenn sich die Tamarisken im Winter gelb verfärben und ihre salzigen Blätter abwerfen, was auch in langen Dürrephasen passieren kann. Hier zeitigt es ähnliche Folgen, als würde unser Winterdienst regelmäßig an den in der Sonne flirrenden Flussufern vorbeirauschen.

Wie manche Salzpflanzen können auch viele einheimische Uferpflanzen des Südwestens die Aufnahme von schädlichem Salz bereits an den Wurzeln blockieren. Einen gewissen Salzgehalt brauchen die Zellen der Wurzeln jedoch, um per Osmose Wasser aus dem Boden zu ziehen, und wird dieser nun durch die Blockade immer salziger, funktioniert der lebenswichtige Mechanismus nicht mehr richtig. Wie bei uns am Straßenrand bindet das Salz das Wasser im Boden und erschwert den Pflanzen das Trinken. Ebenso verdrängt es auch hier nützliche Nährstoffe, lässt die Erde aufquellen und macht sie dichter, sodass kostbarer Regen weniger gut darin eindringen kann.

Wie in mehreren Studien nachgewiesen wurde, gedeihen Schwarzpappeln und Weiden schlechter in solchen Böden. Mit der Zeit tötet das aus der Tiefe geförderte und mit dem Laub verstreute Salz andere Pflanzen ab und verhindert auch ihre erneute Keimung in der versalzenen Krume. Von einigen Forschern wird die Salzzeder deshalb in eine Reihe mit Allelopathen wie Walnuss und Götterbaum gestellt, und tatsächlich ist der Boden unter einzelnen Exemplaren und Dickichten oft leergefegt wie in einer Geisterstadt – höchstens wächst dort mal eine andere besonders salztolerante Spezies. Selbst Biber rühren den salzigen Exoten zehnmal seltener an als ihr gewohntes Baumaterial.

Die Tamariske trocknet also nicht nur den Boden aus, sondern macht ihn mit ihrer eigenen Version des umweltschädlichen Streusalzes für andere unbewohnbar. Auf Wanted-Postern mit ihrem Antlitz findet sich jedoch meist eine noch längere Liste von Verbrechen. Wandern die Bäumchen mit Binsen und Rohrkolben in die regelmäßig versiegenden Flussbetten der Region, können sie Wasserläufe umleiten und Überflutungen fördern. Zugleich fangen sie in Dürrezeiten leicht Feuer und haben so am Rio Grande schon ganze Cottonwood-Wälder ausgelöscht. Fast als hätten sie es wie der Eukalyptus darauf angelegt, sprossen danach wieder nur Salzzedern aus dem Boden.

Dass der rosa gefiederte Fremde, der da einst wie aus einem in Spaniens Wüsten gedrehten Spaghetti-Western in den echten Wilden Westen geritten kam, bei den Einheimischen bis heute einen gewissen Widerwillen auslöst, ist nur zu verständlich. Wie Clint Eastwood in den ausländischen Filmen, die ihn auch in den USA erst wirklich zum Star gemacht haben, ist er nur unglaublich schwer totzukriegen.

Da ich mich nun mal auf Western-Vergleiche eingeschossen habe, werde ich das auch im extrem gewalttätigen Finale dieses Kapitels nicht mehr ändern. Im selben schönen Wohnzimmer, durch dessen Erkerfenster im letzten Kapitel fast eine Tanne gekracht wäre, haben mein Bruder, mein Vetter und ich früher auch immer zusammen mit meinem Onkel Westernfilme geguckt. Einer unserer Lieblingsstreifen war *Butch Cassidy und Sundance Kid,* in dem die beiden Helden durch einen beherzten Sprung in einen Zufluss des Colorado ihren übermächtigen Verfolgern (zumindest vorerst) entkommen.

Nun, unser schweigsamer Fremder mit dem mit glitzernden Kristallen besetzten rosa Poncho hat solche Verzweiflungstaten nicht nötig. Es gibt nur wenig, womit der US Forest Service, die Tamarisk Coalition und unzählige lokale Behörden und Naturschützer noch nicht gegen den Eindringling vorgegangen sind. Die Bekämpfer haben sogar einen eigenen Spitznamen und nennen sich »tammywhackers«, die dem aus dem Boden schießenden Schädling immer wieder eins auf den Dez geben, so wie man es früher in Spielhallen mit mechanischen Maulwürfen machen konnte. Nur: Letztlich gewinnen lässt sich der Kampf wohl genauso wenig wie an einem der gierig silberne Münzen schluckenden Automaten.

Wie der Götterbaum und andere Bäume, die ich in diesem Buch als *last tree standing* bezeichnet habe, kann die Tamariske aus Stammansatz und Wurzeln jederzeit wieder neu austreiben, wenn sie scheinbar ein Duell verloren hat. Schon in den 1980ern wurde sie zum Beispiel entlang des Virgin River in Arizona erst mit Bulldozern plattgemacht, dann abgebrannt und durch große Cottonwood-Setzlinge ersetzt. Obwohl die Fläche regelmäßig gewässert und vor hungrigen Rindern geschützt wurde, sah nach nur fünf Jahre alles wieder aus wie vorher: Die Salzzeder hatte erneut das Sagen über diesen Teil des Wilden Westens; die Schwarzpappeln waren samt und sonders eingegangen.

In ökologisch wertvollen Gebieten hebeln die Tammywhackers die Tamarisken mit speziellen Stemmeisen aus dem Boden. In weniger sensiblen Zonen kommen Flammenwerfer und per Hubschrauber versprühte Entlaubungsmittel zum Einsatz. Eine wirksame Bekämpfungsmethode scheint darin zu bestehen, den lila schimmernden Stamm erst mit der Motorsäge abzusäbeln und dann innerhalb von 30 Sekunden – nämlich bevor sich die verletzten Zellen schließen – Pestizide auf den Stumpf zu sprühen. Bei einem Gegner, der sich mithilfe seiner winzigen Flauschsamen bis zu 20 Kilometer im Jahr ausbreitet und dazu ein wahres Stehaufmännchen ist, lässt sich das aber kaum flächendeckend umsetzen. Gleiches gilt für weniger chemielastige Methoden wie die Beweidung durch an salzige Wüstenkost gewöhnte Burenziegen oder Kamele – was tatsächlich auch schon probiert wurde.

Der Einzige, der es wie bei Pat Garrett und Billy the Kid mit dem Gesetzlosen aufzunehmen können scheint, ist ein Sheriff aus seiner eurasischen Heimat: der fünf Millimeter große, golden glänzende, Unmengen der kleinen Salzblättchen verschlingende Tamariskenkäfer. Er wurde auch schon erfolgreich in mehreren Staaten des Südwestens ausgesetzt, darf inzwischen seinen Stern jedoch offiziell nicht mehr tragen. Das Problem: Mit seiner Gefräßigkeit zerstört er die Nistplätze des seltenen Südwestlichen Weidentyranns, einem kleinen braunen Singvogel, der in Ermangelung von Weiden immer öfter in den allgegenwärtigen Tamarisken brütet.

Manche glauben ohnehin, dass der Mensch in diesem Fall nicht nur der Komplize des selbst eingeführten bösen Baums ist, sondern der wahre Schurke, dem die Salzzeder als Sündenbock dient. Schon 2007 rechneten zum Beispiel zwei Bodenökologen den angeblich so kriminell hohen Wasserverbrauch des Gewächses nach und kamen zu dem Ergebnis, dass er in Wirklichkeit viel niedriger ist als immer behauptet – nämlich kaum anders als bei heimischen Bäumen und Sträuchern. Den Exoten als Hauptgrund für die zunehmende Austrocknung und Versalzung des seit dem 19. Jahrhundert immer stärker besiedelten Südwestens zu sehen, werde der Sache nicht gerecht.

»Die wahre invasive Spezies sind die Dämme und Stauseen«, erklärt in einem neueren Artikel zu der Pflanze ein Experte, der wie manch anderer ihre Ausbreitung vor allem auf die günstigen Bedingungen zurückführt, die der Mensch für sie geschaffen hat. Felder und Fabriken, Gemeinden und Städte: Sie alle zapfen zum Beispiel dem großen Colorado so viel Wasser ab, dass er nur mehr als Rinnsal in den Golf von Kalifornien mündet; gleichzeitig fördern Dünger und die stärkere Verdunstung in Staubecken die Versalzung. Die Tamariske wisse all das nur besonders gut für sich zu nutzen, sagen ihre Verteidiger, und ein Biologiehistoriker vertritt sogar die These, dass sie im heißen örtlichen Kampf um Wasserrechte bewusst zum »ausländischen Monster« stilisiert wurde.

Vielleicht fehlt der Salzzeder einfach die Fähigkeit des mehrfach durch dieses Kapitel gepurzelten Steppenrollers – in Amerika bekannt als *tumbleweed* –, auf melancholisch-malerische Weise die raue Weite seiner neuen Heimat auszudrücken. Allerdings wird auch diese typische Westernpflanze, die ausgerechnet aus Russland und China eingeschleppt wurde, aufgrund massenhafter Ausbreitung inzwischen als »Monster« verfemt. Da es sich im Gegensatz zur Tamariske aber nicht mal ansatzweise um einen Baum handelt, ist das eine andere Geschichte.

Auch bei der Deutschen Tamariske, der einzigen bei uns wachsenden Vertreterin der Familie, handelt es sich nur um einen Strauch, mit den typisch geschuppten Zweigen, aber eher unauffälligen Blüten. Sie wuchs früher auf den trockenen Kiesbänken von aus den Alpen kommenden Flüssen wie Lech oder Salzach. Allerdings hat hier die Zähmung mit Wehren und Stauseen genau das Gegenteil wie unterhalb der Rocky Mountains bewirkt. Werden Kiesbänke und Schotterinseln nicht mehr regelmäßig durch Überflutungen umgelagert, wird der zähe Pionier auf Dauer von Weiden und Erlen überwachsen. So gilt er heute in seinen einstigen deutschen Nischen als vom Aussterben bedroht.

11 Eiben sollst du meiden

Steil senkt sich ein Pfad, beschattet von tödlichen Eiben, der durch tiefe Stille in das untere Reich hinabführt.

Ovid, *Metamorphosen*

Auf dem Weg zu unserem Familiengrab auf dem Wiesbadener Nordfriedhof steht ein lustiger Grabstein. Da er etwas abseits vom Hauptweg liegt, haben meine Großmutter, die ich früher oft bei ihrer wöchentlichen Grabpflege begleitete, und ich ihn erst spät entdeckt. Genau wie die Grabplatte ist er aus poliertem schwarzem Granit und trägt weiße Inschriften, von denen die oberste »Hildegard Kunze, geb. Pimmel, (1884–1935)« lautet. Ich hoffe, Familie Kunze* verzeiht mir die Pietätlosigkeit: Aber das verschmitzte Grinsen, das auf dem Gesicht meiner Oma erschien, als ich auf den Stein zeigte, gehört zu den schönsten Erinnerungen an unsere gemeinsamen Grabbesuche.

Obwohl auf dem denkmalgeschützten Friedhof auch viele

* Frau Kunze ist ja bereits seit einer ganzen Weile verstorben. Trotzdem habe ich auf taktvollen Rat meines Lektors Namen und Lebensdaten leicht verändert.

gewaltige Thujen und Zypressen stehen, hat mich am meisten immer eine riesige alte Linde beeindruckt, die mit ihren ausladenden Armen praktisch unsere gesamte Grabzeile überdacht. Am meterdicken Stamm hängt heute noch ein verwittertes Steinvogelhäuschen, das meiner Erinnerung nach aber nie Bewohner hatte. Vielleicht hat das damit zu tun, dass – zumindest im schemenhaften Rückblick – kaum ein Besuch vergangen ist, ohne dass nicht mindestens ein Eichhörnchen über die hohen dicken Äste hüpfte.

An Anfang und Ende der Grabzeile stehen himmelhohe Fichten, die man so ehrwürdig und stämmig im Wald selten sieht. Hinter den Gräbern verläuft ein mit Efeu überwucherter Buckel, hinter dem heute eine Bienenwiese liegt und aus dem weiß blühende Pfeifensträucher und fast schon komplett graue Birken aufragen, die irgendwann ebenfalls als Friedhofsbäume sehr in Mode waren. Das Grab selbst aber wird von einer mehrstämmigen Eibe überschattet, deren weiche dunkle Nadeln einen beinah an der Stirn kitzeln, wenn man davorsteht.

Auch auf dem mit einer Kriechmispel bedeckten Grab steht neben einer Stechpalme und einer Heide ein mannshoher Eibenstrauch. Mein Bruder hat die Pflege einer nahen Gärtnerei übergeben, deren jüngste Tochter Iris heißt, mit mir zur Grundschule gegangen ist und irgendwann mit einer Freundin in verwirrend erwachsenen Blumenkleidern vor unserer Wohnungstür stand. Eibenzweige hängen ebenso über dem alten Steintrog am Anfang der Grabzeile, aus dem ich mit unserer hinter dem Grabstein versteckten Gießkanne immer Wasser schöpfte; der ganze von Wurzeln durchbrochene Weg ist von einer Eibenhecke gesäumt; und auf dem Weg zu den Abfällen, wo ich immer die in ihren Steckvasen verwelkten

Blumen entsorgte, steht an jeder Ecke ein kugel- oder eiförmig zugeschnittener Eibenbusch.

Obwohl die Eibe eigentlich als anspruchslos gilt, waren die Bäume bei meinem letzten Besuch im Frühsommer mit so vielen vergilbten Zweigen durchsetzt, dass sie fast aussahen wie die scheckigen Mammutbaum-Chimären aus Kapitel sieben. Die Hecken und Büsche jedoch trugen einen hellgrünen Überzug aus frischen Trieben, der fröhlich und lebensfroh wirkte wie bei Urlaubern, denen Sonne und Salzwasser blonde Strähnchen ins Haar gezaubert haben. Welche der Exemplare sind weiblich und tragen im Herbst die leuchtend roten Beeren, durch die sich Eiben so sehr von anderen, mit Zapfen besetzten Nadelbäumen unterscheiden? Außer bei dem Strauch auf dem Grab bin ich mir ehrlich gesagt nicht mehr sicher. Und um vor Fertigstellung dieses Buches noch mal auf dem Friedhof nachschauen zu gehen, lag leider die »Deadline« zu ungünstig.

Auf solchen alten Friedhöfen und in Parks oder zu blickdichten Gartenhecken gestutzt hat man heute die besten Chancen, Eiben in Deutschland zu begegnen. Einer der letzten größeren natürlichen Bestände ist der Paterzeller Eibenwald im oberbayrischen Pfaffenwinkel. Im Alpenvorland südlich von München, in der Nähe eines ehemaligen Klosters, stehen hier mit anderen Bäumen gemischt noch viele in freier Wildbahn gewachsene alte Eiben. So hoch wie die Fichten und Buchen in dem seit 100 Jahren unter Schutz stehenden Gebiet werden sie bei Weitem nicht, maximal etwa 20 Meter. Doch verwachsen die schuppigen braunen Mehrfachstämme, die die Bäume wie an unserem Grab gern bilden, mit zunehmendem Alter oft zu einem einzigen. Dieser kann dann so knorrig und kluftig unter der dunklen breiten Krone aufragen, als befinde man sich in einem Zauberwald.

Im südenglischen Schutzgebiet Kingley Vale, vor allem aber auf den Friedhöfen der Britischen Inseln stehen viele noch weitaus ältere und mächtigere Eibengreise. Die imposantesten haben einen Stammumfang von mehr als zehn Metern und werden mit einem Alter von bis zu 5000 Jahren gerne als »älteste Bäume Europas« ausgegeben. Allerdings nehmen Eiben als Methusalems ähnlich bizarre Formen an wie die aus Wurzeln geformten Würgefeigen aus Kapitel eins und werden außerdem innen hohl. Daher lassen sich solche stolzen Angaben weder durch das Zählen von Jahresringen noch durch Kohlenstoffdatierung des Kernholzes überprüfen.* Klarere Belege gibt es wohl dafür, dass Eiben bereits so lange in Europa wachsen wie keine andere Baumgattung, nämlich seit etwa 20 Millionen Jahren, und allgemein gelten sie als pflanzliches Relikt aus wärmeren Erdzeiten. Ihre heutige »ökologische Nische« liegt nicht nur hinter und zwischen Grabsteinen: Wie im vorangestellten Zitat des antiken Dichters Ovid begrüßen sie einen oft auch schon an den Einfahrten und Eingängen zum Totenreich.

Das alles macht Eiben speziell, spannend und ein bisschen unheimlich, aber natürlich nicht unbedingt böse. Tatsächlich fallen sie jetzt zum Schluss des Buches hin etwas aus dem Raster. Bisher ging es vor allem um Bäume, die anderen Bäumen und Pflanzen schaden und, wie das nun mal leider so ist, deshalb oft besonders erfolgreich sind. Denken Sie nur an die als

* Als wahrscheinlicher gilt ein Alter von 1000 bis höchstens 2000 Jahren. Damit spielen hochbetagte Exemplare wie die Eibe von Balderschwang oder die schottische Fortingall Yew aber immer noch in der gleichen oder sogar einer etwas höheren Liga als die ältesten Eichen und Linden.

Parasit improvisierende Schlüsselspezies Feige, die alle auf Abstand haltende Walnuss oder an baumliche Dominatoren und Eroberer wie Akazie, Buche, Eukalyptus, Götterbaum, Sandelholz, Australischer Weihnachtsbaum und Tamariske. Böser Baum gleich gut an die Welt angepasster Baum, wäre ein Schluss, den man aus diesem Buch ziehen könnte. Und vermutlich sollte man sich hüten, es den ohnehin schon auf unerbittlichen Erfolg gepolten jungen Buchenstrebern aus Kapitel vier zu lesen zu geben.

Bei der Eibe ist es jedoch anders. Zwar gibt es auch bei ihr Beobachtungen, dass um sie herum nicht viel wächst, und in Versuchen mit Gurken und Radieschen wurde ihr allelopathische Wirkung auf Keimung und Wachstum nachgewiesen. Doch ihr Schicksal als arboreales Auslaufmodell konnte das zumindest in Europa nicht verhindern. Schon die vor vielen Millionen Jahren einsetzende globale Abkühlung und das spätere Auf und Ab aus Kalt- und Warmzeiten haben ihr (wie vielen einst hier verbreiteten Pflanzen) zugesetzt. Nach der letzten Eiszeit kam dann vermutlich die Unterlegenheit gegenüber der Buche hinzu, sowie eine Reihe von noch zu besprechenden Faktoren. Heut gilt die Europäische Eibe in ihrem von Nordafrika bis in den Kaukasus und hoch nach Skandinavien reichenden Verbreitungsgebiet zwar insgesamt nicht als gefährdet. Aber größere Vorkommen sind so selten, dass sie in Deutschland und vielen anderen Ländern unter Schutz steht und auf diversen Roten Listen geführt wird.* Nach echtem

---

* Naturschutz ist eine komplizierte Sache: In der internationalen Roten Liste der Weltnaturschutzunion (IUCN) wird die Eibe als »nicht gefährdet« geführt und ihr Bestand zwar als stark zersplittert, aber steigend angegeben. In der Habitat-Richtlinie der EU gilt sie als besonders schützenswert, wenn sie in bestimmten Waldtypen

Killerbaum, der sich im Kampf um Licht und Raum mit allen Mitteln durchzusetzen weiß, hört sich das nicht gerade an.

»Tödlich«, wie es im Eingangszitat heißt, ist die Eibe trotzdem – nur eben nicht für Pflanzen. Schon bei der Akazie wurde ja deutlich, dass sich baumliche Aggressionen und Abwehrstrategien nicht nur gegen Mitglieder der Flora richten können. Und der Eukalyptus hat gezeigt, wie aus nützlichen Eigenschaften manchmal fatale Folgen erwachsen.

Nicht nur tödlich, sondern »zweifach tödlich« hat schon Shakespeare die Eibe genannt, und als Engländer musste er es wissen. Das Tragische dabei ist, dass der Baum, der in der abendländischen Tradition wie kein anderer als »Baum des Todes« gilt, durch jede seiner zwei tödlichen Eigenschaften zumindest auch ein wenig zu seinem eigenen Niedergang beigetragen zu haben scheint.

Das Stück, in dem Shakespeare die Eibe »zweifach tödlich« nennt, ist das Königsdrama *Richard II.* Dieser lebte 200 Jahre vor dem berühmten englischen Dichter, in der zweiten Hälfte des 14. Jahrhunderts, und erbte den Thron von Edward III., seinem vor allem in militärischer Hinsicht extrem erfolgreichen Großvater.

Mit gerade mal 20 führte Edward III. einen gelungenen Feldzug gegen Schottland an. Später errangen seine Truppen in Crécy und Poitiers glänzende Siege im Hundertjährigen

---

auftritt, und in Deutschland ist sie zwar schon seit Jahrzehnten geschützt, steht aber in der nationalen Roten Liste nur auf der Vorwarnliste. So ist es auch in der eigenen Roten Liste des Bundeslands Thüringen, wo rein zahlenmäßig die meisten Eiben in Deutschland stehen. In der Roten Liste des Freistaats Bayern wiederum wird der Baum als »gefährdet« eingestuft.

Krieg gegen Frankreich. Jedes Mal setzten sie sich gegen zahlenmäßig weit überlegene Gegner durch. Der laut Historikern erstmals systematisch eingesetzte Schlüssel zum Erfolg: der englische Langbogen, in dessen Pfeilhagel sowohl mit Armbrüsten bewaffnete italienische Söldner als auch adelige französische Reiter ihr Ende fanden. Das Material, aus dem die wahre Massaker anrichtende Waffe in der Regel hergestellt war: Eibenholz.

Das Holz der Eibe ist zugleich hart, haltbar, biegsam und gut zu schnitzen, so wird es schon seit Urzeiten zur Herstellung von Waffen verwendet. Tatsächlich besteht die älteste erhaltene Holzwaffe der Menschheit – und zugleich das älteste hölzerne Werkzeug – aus Eibe: Es handelt sich um die 400.000 Jahre alte, in Südengland gefundene Spitze eines Speers, mit dem die Urmenschen dort vermutlich wie in Kapitel vier beschrieben Mammuts, Nashörner und andere Tiere jagten. Ein weiteres Exemplar der extrem seltenen hölzernen Überbleibsel stammt aus dem niedersächsischen Lehringen: Gut 100.000 Jahre bevor ich bei Was-ist-was darüber staunte, stießen hier offenbar todesmutige Neandertaler einem Waldelefanten eine zweieinhalb Meter lange Lanze in den Leib. Die Lanze zerbrach zwar, doch erst als der sterbende Dickhäuter, zwischen dessen Rippen sie gefunden wurde, darauf niedersank. Erneut war sie aus Eibenholz.

Wie urzeitliche Pfeilspitzen und Felsmalereien belegen, werden auch Bögen bereits sehr lange benutzt. Zu den ältesten in Europa erhaltenen Exemplaren gehört ein mehr als 7000 Jahre alter Bogen aus Nordspanien, der wie die meisten solcher Funde aus Eibenholz gefertigt ist. Der berühmte Eismann Ötzi hatte nicht nur praktisches »Feuerzeug« und eine kleine

Reiseapotheke bei sich, als er vor 5000 Jahren hoch in den Alpen in den Schnee sank. Zu seiner Ausrüstung gehörte ebenso ein aus Eibe geschnitzter Bogenstab, der mit 1,80 Meter schon ziemlich genau die Länge englischer Langbögen aufwies. Dass die Gletschermumie selbst durch einen in den Rücken geschossenen Pfeil getötet wurde, zeigt, dass die auf weite Entfernungen treffenden Eibenbögen bereits damals keineswegs nur zur Jagd eingesetzt wurden.

Sowohl vom Bogen des englischen Outlaws Robin Hood als auch von der Armbrust des Schweizer Freiheitskämpfers Wilhelm Tell heißt es oft, sie seien aus Eibenholz gewesen. Nach England gekommen sein könnte die Vorliebe für den Bogen ausgerechnet mit den aus Frankreich einfallenden Normannen: Auf dem berühmten Teppich von Bayeux, der die Eroberung bis zur Schlacht von Hastings im Jahre 1066 abbildet, kämpfen jedenfalls deutlich mehr Bogenschützen auf normannischer Seite. Edward III. (der wie sein Enkel Richard II. selbst noch von den erfolgreichen Eroberern abstammte) war so begeistert von der eibenen Wunderwaffe, dass er das Üben damit zum gesetzlich vorgeschriebenen Hobby machte. Ein späterer König verpflichtete sogar Englands Handelsleute, mit jeder Tonne Ware eine gewisse Zahl von Bogenstäben einzuführen.

Bis der englische Langbogen Ende des 16. Jahrhunderts endgültig durch Feuerwaffen ersetzt wurde, lud so die Eibe unzählige von Pfeilen durchbohrte Schlachtenopfer auf ihr Gewissen. Allerdings ließen sich die Bögen, anders als man vielleicht denken könnte, nur schlecht aus jungen Bäumchen, dünnen Ästen oder Stockausschlägen herstellen. Nein, damit sie zugleich biegsam und stabil waren, mussten sie aus dem

Übergang zwischen weichem Splintholz und hartem Kernholz bestehen, wie man ihn in ausreichender Dicke nur in stärkeren Stämmen und Ästen fand. So war es zur Herstellung der tödlichen Waffen in der Regel nicht nur nötig, erwachsene Eiben zu fällen. Aus jedem Baum ließ sich auch nur eine begrenzte Zahl von Bogenstäben herstellen – was die Zahl der gefällten Exemplare natürlich in die Höhe trieb.

Manche Experten glauben, dass das mit ein Grund ist, warum man die Eibe heute in Europas Wäldern nur noch selten findet. Ihre hervorragende Eignung als Mordwerkzeug wurde ihr selbst zum Verhängnis. In Deutschland und Österreich zum Beispiel entstanden von Kaisern und Fürsten vergebene Eibenholz-Monopole, die für den Bogenbau bestimmte Rohlinge in rauen Mengen nach England lieferten. Zwar waren Einschlag und Ausfuhr der kostbaren Kriegsgüter streng reglementiert. Doch kam es wie beim Sandelbaum in Kapitel acht neben der legalen Ernte auch immer wieder zum »Holzfrevel«. Bald waren zum Beispiel in Bayern die Eibenbestände so erschöpft, dass eine weitere Monopolvergabe wenig sinnvoll erschien, da nur noch »Jungholz und Buschwerk« von dem begehrten Baum übrig war. Um 1600 wurde dann im bayrischen Herzogtum ein generelles Schlagverbot von Eiben erlassen. Auch in Österreich wurden sie unter strengen Schutz gestellt. Es war der erste durch Handel verursachte Raubbau an einem Baum, der sich durch seine Nützlichkeit sein eigenes Grab schaufelte.

Die englischen Eibenbogenschützen benutzten besonders schmale Pfeilspitzen, um die Kettenhemden ihrer Gegner zu durchdringen. Später brachten sie dazu noch etwas Wachs auf, da sich so offenbar selbst leichte Vollrüstungen durchbohren ließen. Was sie entgegen empörten französischen Vorwürfen wohl nie taten – und was man dem edlen Robin Hood natürlich nie zutrauen würde –, ist, ihre Pfeile zu vergiften.

Die Gallier, auf die Franzosen so gerne ihre Herkunft beziehen, waren da wohl weniger zimperlich. Laut antiken Quellen hatten die langhaarigen Kumpels von Asterix und Obelix keine Skrupel, ihre Pfeile wie am Amazonas in Gift zu tauchen – und zwar ausgerechnet in das der Eibe. Plinius, der uns schon mehrmals als Gewährsmann für böse Bäume diente, berichtet sogar, dass das lateinische Wort für Pfeilgift (*toxicum*) auf das für Eibe (*taxus*) zurückgehen könnte.* Das Gift des Baums galt als so stark, dass allein schon seine Nähe für gefährlich gehalten wurde. Schlief man unter der Walnuss aus Kapitel zwei ein, hieß es, man wache mit Kopfschmerzen auf. Nach einem Nickerchen unter einer Eibe, so wurde gewarnt, jedoch überhaupt nicht mehr.

Diese berüchtigte Giftigkeit ist es auch, auf die Shakespeare anspielte, als er von der zweifachen Tödlichkeit der Eibe und der aus ihr gemachten Bögen sprach. Sie ist es, warum bis heute Kinder genauso vor dem Verzehr von Eibenbeeren gewarnt werden wie vor Vogelbeeren (was bei meiner angeborenen Neigung, alle Süßigkeiten sofort zu zerkauen, durchaus sinnvoll war).

Ebenso ist das Gift der Eibe vermutlich ein Grund, warum

* Damit gingen auch deutsche Wörter wie Toxin, Toxikologie und selbst die »toxische Beziehung« auf die Eibe zurück. Allerdings nannten davor schon die alten Griechen Pfeilgift *toxikon*, und zwar nach *toxon*, ihrem Wort für den Bogen und seine Geschosse. Andererseits könnte auch *toxon* wiederum auf *taxus*-ähnliche Wörter aus anderen Sprachen zurückgehen, die sowohl für die Eibe als auch daraus gemachte Waffen standen.

sie schon bei Ovid als der ultimative Baum der Toten und des Todes galt. Und kurioserweise, warum sie heute ihrem nicht minder alten Ruf als Baum des Lebens gerecht wird.

Die Symbolik der Eibe aufzudröseln gleicht dem Versuch, einen ihrer aus vielen Trieben verschmolzenen alten Stämme zu entflechten.

Schon in der Antike waren die dunklen und als giftig bekannten Bäume den Göttern der Unterwelt geweiht. In der von Eiben verdüsterten Allee zum Hades warteten Furien, furchtbare Rachegöttinnen, die je nach Quelle den Toten mit Eibenfackeln freundlich den Weg leuchteten oder damit auf sie eindroschen. Zugleich sorgten das hohe Alter der Eiben, ihre immergrünen Zweige sowie die an Blutstropfen erinnernden Früchte dafür, dass man sie auch mit Vorstellungen vom ewigen Leben in Verbindung brachte. So richtig konnte sich wohl nie jemand entscheiden.

Besonders hin- und hergerissen scheinen die Kelten gewesen zu sein, von denen wir oben schon in ihrer »französischen« Spielart als Gallier gehört haben. Die früheren keltischen Krieger vergifteten nicht nur ihre Pfeile mit Eibengift. Offenbar hatten sie und ihre Mitkämpfer auch immer eine Portion dabei, die sie entweder einnahmen, wenn sie zu alt wurden, um Pfeile zu schießen, oder Gefahr liefen, in Gefangenschaft zu geraten. In seinem ungeliebten Schulbuch *De bello Gallico* berichtet der römische Feldherr und spätere Kaiser Julius Cäsar von Catuvolcus, einem Häuptling der Eburonen, die wohl sogar nach der Eibe benannt waren. Die Niederlage vor Augen, wählte auch er den Freitod und gilt so als erstes namentlich verbürgtes Opfer des toxischen Baums.

Zugleich – oder vielleicht gerade wegen ihrer »erlösenden« Wirkung – galt die Eibe bei den Kelten als heiliges Symbol für die Unsterblichkeit der Seele. Ihre Druiden schnitten offenbar genauso fleißig Eibenzweige wie Miraculix Misteln und hielten ihre Rituale unter den knorrigen Gewächsen ab. Das wird oft als Grund genannt, warum auf den Friedhöfen Irlands und Großbritanniens so viele alte Eiben stehen: Auch hier lebten einst viele Kelten, und als sich im Mittelalter das Christentum auf den Britischen Inseln ausbreitete, könnte der Brauch, heilige Stätten bei Eiben einzurichten oder diese dort zu pflanzen, übernommen worden sein. Eine andere, prosaischere Erklärung lautet, dass die giftigen Bäume verhindern sollten, dass Bauern ihre Kühe auf den Gräberfeldern weiden lassen und Kinder sie als Spielplatz benutzen.

Englischer Friedhof und Englische Eibe, wie die Europäische Eibe in England oft genannt wird, gingen jedenfalls eine noch engere Verbindung ein als selbst bei mir in Wiesbaden. Manche glaubten sogar, dass die Bäume, die kalkhaltige Böden lieben, gerade deshalb auf den mit Kalzium gedüngten Knochenäckern so gut gediehen. Noch weiter ging im 17. Jahrhundert der englische Botaniker Robert Turner, ein später Vertreter der schon bei der Walnuss erwähnten Signaturenlehre. Er glaubte, die Eiben »tränken« mit ihren Zweigen die aus den Gräbern aufsteigenden Fäulnisgase. So würden sie verhindern, dass sich diese von selbst zu Irrlichtern entzünden, die man leicht für umherwandelnde Seelen halten könne. Auch ihr Gift, so Turner, zögen die düsteren Bäume aus den verwesenden Leibern, indem sie sie mit ihren Wurzeln umfingen, um an ihrem Fleisch zu saugen.

Laut einer noch gruseligeren Legende wuchsen die Wurzeln bis in den Rachen der Toten und legten sich ums Herz. Strich dann oben der Wind durch die Zweige, flüsterte er von mit ins Grab genommenen Geheimnissen und Sünden.

Die roten Beeren, vor denen wir als Kinder immer so gewarnt wurden, sind tatsächlich das Einzige an der Eibe, was kein Gift enthält. Das gilt zumindest für den fleischigen Teil, der streng genommen weder Frucht noch Beere ist, sondern ein Samenmantel, der im Herbst den Kern wie ein Becherchen umwächst. Worauf man beim Verzehr der glibbrigen süßen Masse allerdings achten sollte, ist, den Kern nicht zu schlucken und vor allem nicht zu zerbeißen. Denn dann würde das Gift austreten, das – genauso wie in Nadeln, Rinde und Holz – in der harten Schale des in der Frucht verborgenen Samens enthalten ist.

Das Gift ist bitter und löst zum Glück nicht den gleichen gierigen Kaureflex aus, der sich bei mir bis heute einstellt, wenn mir irgendwo ein Hals- oder Sahnebonbon angeboten wird. Daher kommt es zwar immer wieder vor, dass Kinder Eibenbeeren naschen. Zu Schlimmerem als bösen Bauchschmerzen scheint das aber nur selten zu führen (und noch seltener bei den nur wenig giftigen und im Rohzustand ebenfalls bitteren Vogelbeeren). Trotzdem wird in Gartenratgebern frischen Eltern empfohlen, auf das Anpflanzen von Eibenbüschen lieber zu verzichten.

Viele Vögel fressen die Eibenfrüchte ohne Weiteres, und das ist von den Bäumen auch so gewollt, denn die gefiederten Gäste sorgen so für die Verbreitung der Samen. Zu den Eibenfreunden gehören (neben dem gleichnamigen deutschen Verein) Amseln, Stare, Seidenschwänze, Eichelhäher und passen-

Knorrig, hochgiftig und im Alter innen hohl: Die Eibe wacht seit jeher an der Grenze zum Jenseits und war schon für viele unheimliche Geschichten gut.

derweise auch Rotkehlchen. Misteldrosseln, die wir bereits als Vektoren für Schmarotzerpflanzen kennen, fangen manchmal schon im Spätsommer an, Eiben gegen andere Vögel zu verteidigen, damit die Beeren in Ruhe reifen können. Im Herbst machen sich dann auch kleinere Singdrosseln und andere Drosselarten über die süßen roten Snacks her. Was im Winter noch übrig ist, holen sich die ebenfalls zu den Drosseln zählenden Amseln.

Ginge es nach Robert Turner, würden nun all diese Vögel tot zu Boden fallen, ihr Leib verwesen und aus jedem ein junger Eibenbaum wachsen. Doch sie verwerten nur die fleischige Fruchthülle und scheiden oder spucken die giftigen Kerne wieder aus. Waldtauben und größere Krähen, in deren starken Kaumägen die Kerne auf gefährliche Weise zerkleinert werden könnten, sind in der Regel klug genug, der verlockend leuchtenden Winterkost zu widerstehen.

Das ist wohl ein Zweck des bösen Baumgifts. Die Spreu derjenigen Fresser, die den Samen zerstören würden, von jenen zu trennen, die ihn unbeschädigt auf der Erde »aussäen«. Allerdings haben einige Vögel gelernt, diese Abwehrstrategie zu umgehen. Geübte Körnerfresser wie die Grünfinken etwa kauen so lange auf den Beeren herum, bis das rote Fleisch abfällt, entfernen auch die harte Samenschale und verleiben sich dann den nahrhaften Samen im Inneren ein. Auch Meisen packen die Kerne mit den Krallen und hacken sie auf. Kleiber und Spechte klemmen sie in Stammritzen, um sie besser öffnen zu können.

Eichhörnchen, von denen sich immer so viele auf unserem eibenreichen Friedhof tummelten, fressen zwar die Beeren, würgen die Kerne aber brav wieder aus. Am Boden warten jedoch weitere Nager wie Wald- und Wühlmäuse (von denen ich eine mal ertrunken in einer vom Regen gefluteten Steckvase hinter unserem Grab gefunden habe). Diese schleppen die Kerne fort und knabbern sich ebenfalls zu ihrem ungefährlichen Inhalt durch. Außer sie verstecken und vergessen sie irgendwo: Dann kann vielleicht trotz allem noch neues Leben daraus entstehen.

Die wesentlichen Gifte der Eibe heißen Taxine und sind nach *Taxus,* dem lateinischen Gattungsnamen der Eibe benannt. Ihr Sinn liegt nicht nur in der Abwehr kleiner Samenräuber. Wie die Tannine der Akazie in Kapitel drei sollen sie auch große Pflanzenfresser abschrecken und werden dazu in Nadeln und Rinde eingelagert. Zum Glück sind Tannine jedoch nicht so giftig wie Taxine. Denn dann hätte weder ich noch irgendwer sonst in Afrika auch nur eine einzige lebende Giraffe zu sehen gekriegt.

Von den wenigen größeren Tieren, die es noch in Europa gibt, scheinen ausgerechnet die größten am empfindlichsten gegen das Gift der Eibe zu sein. Speziell für Pferde ist sie nicht nur der Baum des Todes, sondern des sofortigen Todes: Sie müssen nur ein, zwei Maulvoll der mit weichen Nadeln besetzten Zweige fressen, um im nächsten Moment den düsteren Pfad zu Ovids »unterem Reich« hinabzutrotten.

Obwohl es in Deutschland nur noch so wenige Eiben gibt, kommt es auch hier immer wieder zu solchen Fällen. Schuld sind leider meistens wohlmeinende Gartenbesitzer, die ihren

Baumschnitt auf die Koppel werfen. Oft dauert es gerade mal eine halbe Stunde, bis die über den Darm ins Blut aufgenommenen Taxine das Herz erreichen und es auf tödliche Weise aus dem Takt bringen. Manchmal schnaubt das Tier noch ängstlich oder trabt mit zuckenden Muskeln nervös umher. In der Regel wird es aber einfach tot in der Nähe der dunklen Zweige gefunden. Kühe vertragen etwas mehr von dem Gift. Doch nach ein, zwei Tagen Wiederkäuen sterben auch sie an den Nadeln. Ebenfalls tödlich wirken schon geringe Mengen bei Schweinen, Hunden und Schafen.

Neben ihrer Eignung als Bogenholz gilt das als weitere Eigenschaft, mit der sich die Eibe keinen Gefallen getan hat. Durch ihre üble Angewohnheit, Pferde, Kühe und alle möglichen anderen Nutztiere zu vergiften, zog sie den Zorn von Fuhrleuten und Bauern auf sich. Diese fällten sie entlang von Fahrwegen, in der Umgebung von Höfen und vermutlich auch mitten im Wald, wo früher noch Pferde zum Weiden und Schweine zur Eichelmast hingeführt wurden. Manche Waldexperten sprechen sogar von einem »regelrechten Vernichtungsfeldzug gegen die Eibe«.

Andere wieder führen Gründe für den Rückgang der düsteren Baumschönheit an, die weder mit ihrer Giftigkeit noch ihrer Nützlichkeit als Waffe zu tun haben. Eiben werden zwar sehr alt. Doch wachsen tun sie nur sehr langsam, wobei sie sich oft hartnäckig gegen den Schatten größerer Bäume durchsetzen. Als im 18. Jahrhundert nicht nur viele Eiben, sondern überhaupt viele Bäume gefällt waren, begann man Wälder in schnell wachsende Fichten- und Kiefernforste zu verwandeln, die dazu noch regelmäßig kahlgeschlagen wurden. Hier fehlten dem knorrigen Schattenspezialisten nicht nur die richtigen Bedingungen. Als »trägwüchsiger« Außenseiter war er auch einfach nicht mehr sehr gefragt.

Hinzu kamen Veränderungen in der Jagd. Genau wie in Südengland und Lehringen wurden urzeitliche Speere und Lanzen auch in Schöningen gefunden, das ebenfalls in Niedersachsen liegt. Wie jene aus Eibe könnten auch diese, aus anderem Holz geschnitzten Waffen zur Jagd von Elefanten und Nashörnern gedient haben. Nach den daneben gefundenen Knochen zu urteilen, wurden sie jedoch vor allem dazu verwendet, die noch längst nicht zu Nutztieren gewordenen Wildpferde in dem Gebiet zu jagen (sowie die Beute dann möglicherweise gegen hungrige Säbelzahntiger zu verteidigen!).

Wollte man spekulieren, könnte man sich fragen, ob das Gift der Eibe einst speziell der Abschreckung solcher Wildpferde diente – und deshalb heute so stark auf ihre gezähmten Nachfahren wirkt. Es gibt ein spannendes, leider nur auf Englisch erhältliches Buch, in dem es um Früchte geht, die keine natürlichen Abnehmer mehr haben: Avocados, deren große Kerne eigentlich nur Riesenfaultiere schlucken könnten, die Ginkgofrüchte aus Kapitel sechs, die mit ihrem Gestank weiterhin Dinos anzulocken scheinen – oder fußballgroße Kalebassen, die nur noch von modernen Nutzpferden aufgestampft werden können. In der Natur fehlen die eigentlichen Adressaten, so die Theorie, weil sie lange ausgestorben sind oder erst vor Kurzem von uns ausgerottet wurden. Auch pflanzliche Abwehrwaffen wie Gifte und Stacheln gehören zu diesen evolutionären Anachronismen, wie sie im Fachjargon genannt werden. Wenn, wie man annimmt, Wildpferde erst vor wenigen Tausend Jahren ganz aus Europa verschwanden, warum sollte es sich beim hochpotenten Pferdegift der Eibe nicht ebenfalls um einen solchen Anachronismus handeln?

Denn seltsamerweise scheinen ausgerechnet jene, die man heute für die Hauptziele des Gifts halten könnte, es relativ gut zu vertragen. Hirsche, Rehe, Hasen und Kaninchen knabbern gerne an der Eibe und werden als Hauptgrund gesehen, warum so wenige junge Eiben nachwachsen. Einst weniger stark im Wald vertreten, werden besonders Hirsche und Rehe schon seit Langem von Jägern gepflegt und mit Fütterungen über den Winter gebracht. Förster beklagen die daraus folgende »Wildschwemme«, die zu vermehrten Bissschäden an Rinde und jungen Bäumchen führt. Die giftige Eibe hielt man lange davon ausgenommen. Doch wie man inzwischen weiß, scheinen speziell Rehe die weichen Nadeln junger Eiben sogar als eine Art Leckerbissen zu betrachten. Auch als eine Art »Magenbitter« zur gezielten Bekämpfung von Darmparasiten könnten die Tiere das Gift einsetzen.

Im anfangs erwähnten Paterzeller Eibenwald hat man deshalb schon vor geraumer Zeit angefangen, nachwachsende Eiben einzuzäunen, wie es bei kostbaren Nutzbäumen gang und gäbe ist. Seither feiert dort der nicht für jeden gleichermaßen tödliche Baum des Todes ein kleines Comeback.

Wer das Gift der Eibe leider ebenfalls noch manchmal gezielt einsetzt, ist der Mensch – doch nicht wie Rehe zu heilsamen Zwecken. Zwar schmiert es niemand mehr auf Pfeile. Und wenn man nach Morden damit forscht, stößt man höchstens auf ein Opfer bei Agatha Christie, dem es ins Frühstück gemischt wird, oder Spekulationen darüber, ob es nicht das mysteriöse Gift aus Shakespeares berühmtem Stück *Hamlet* sein könnte.

Doch zum Selbstmord wird es schon immer noch ab und zu verwendet, wie einst bei kriegs- und lebensmüden Kelten. Da dazu meist zerkaute, zerstoßene oder ausgekochte Nadeln oder Rindenstücke benutzt werden, verlaufen solche Fälle auch wesentlich häufiger tödlich als der versehentliche Verzehr von Beeren. Nicht nur für Pferde, auch für uns Menschen sind Taxine extrem giftig. Zugleich sind damit begangene Suizide sehr schwer zu erkennen. Daher spekulieren die Mediziner, die sich mit den gut 20 Fällen beschäftigt haben, die seit 1960 in der internationalen Fachliteratur aufgetaucht sind, dass es eine hohe Dunkelziffer geben könnte.

Weiß man das, wirkt das Kleid der Eibe gleich noch etwas dunkler und unheilvoller als ohnehin. Selbst wenn es frühlingshafte helle Strähnchen trägt wie auf unserem Friedhof. Oder fein säuberlich zu Hecken und Quadern geschnitten ist wie auf meinem Arbeitsweg. Ein bisschen ist es, als säumten Reihen von dunkelgrünen Giftflaschen die wohlgepflegten Geh- und Friedhofswege. Nur ein paar Mundvoll, und das mit der Arbeit hätte sich erledigt, oder man könnte sich gleich dazulegen: Wen wundert es da noch, dass die Eibe schon seit der Antike so oft das Tor zum Jenseits mit ihren düsteren Zweigen ziert.

Wie bei vielen bösen Bäumen in diesem Buch mischt sich jedoch auch bei diesem vorletzten, eigentlich schon kaum noch ins Raster passenden, Licht ins Dunkel. Bereits seit 30 Jahren werden mit den Taxinen eng verwandte Eibengifte aus der Gruppe der Taxane erfolgreich zur Behandlung verschiedener Krebsarten eingesetzt. Indem sie einen wichtigen

Schritt der Zellteilung stören, hemmen sie das Wachstum von Tumoren und gehören zu den am häufigsten verwendeten Mitteln in der Chemotherapie.

So verlängert der Baum des Todes heute tatsächlich oft das Leben. Im Diesseits zwar, aber irgendwie doch erstaunlich ähnlich, wie man es sich immer vorgestellt hat.

12 Der Baum der Erkenntnis

Hat Gott wirklich gesagt, ihr dürft
von keinem Baum des Gartens essen?

Die Schlange, *Buch Genesis*

Die Eibe war der erste böse Baum in diesem Buch, bei dem es ausdrücklich um den Schaden für nicht pflanzliche Lebewesen ging – also unter anderem für uns. Die Liste ließe sich mühelos verlängern. *Mein Freund, der Baum* hieß zwar ein gern gespielter Hit der frühen Ökobewegung. Aber ob Bäume wirklich immer *unsere* Freunde sind, ist so eine Frage.

Da wäre zum Beispiel der Manchinelbaum, an den ich mich vielleicht von meinen vielen Aufenthalten in Südflorida erinnere, ganz bestimmt aber von meinen leider viel zu seltenen Ausflügen in die Karibik. Der helle, dickblättrige Baum wächst dort an den strahlend weißen Stränden, und ich meine deutlich die kleinen grünen Früchte in seinen windgebeugten Ästen vor Augen zu haben, die auch im Sand lagen und im Meer schwammen. Ihretwegen wird das auch in Mittel- und Südamerika verbreitete Gewächs oft Strandapfel genannt. Schon die spanischen Konquistadoren nannten es aber wohl »manzanilla de la muerte« – also »Äpfelchen des Todes«.

Andere Namen lauten »giftige Guave« oder, wie bei der Eibe, »Baum des Todes«, und laut Guinnessbuch der Rekorde handelt es sich um den gefährlichsten Baum der Welt.

Das liegt zum einen an den Früchten, denen selbst eine britische Radiologin nicht widerstehen konnte, als sie auf der kleinen Karibikinsel Tobago Urlaub machte. Schnell bildete sich eine schmerzhafte Schwellung im Hals, die, wie die Ärztin später im *British Medical Journal* berichtete, »durch die meisten alkoholischen Getränke leider verschlimmert wurde« – allein cremige Piña Coladas halfen ein wenig. Später folgten geschwollene Lymphknoten und entsetzte Blicke der befragten Einheimischen: Der Baum trägt seinen Namen nicht umsonst und ähnliche Fälle haben schon zum Tod oder zumindest einem Luftröhrenschnitt geführt.

Nicht nur die »Äpfelchen« des Manchinelbaums sind giftig, sondern auch Rinde und Blätter, und fast noch berüchtigter ist er für das, was passiert, wenn das Gift bei Regen ausgewaschen wird. Sucht man dann Zuflucht unter seinen Zweigen und der milchige Saft tropft einem auf die Haut, führt das zu bleibenden Urlaubserinnerungen in Form von blasigen Ausschlägen und Verätzungen. Oft warnen deshalb rote Kreuze oder andere Markierungen am Stamm vor den Gefahren, manchmal sogar ausführliche Schilder. Selbst bei Einheimischen kommt es aber immer wieder zu schweren Augenentzündungen bis hin zu vorübergehender Blindheit, wenn sie Baumarbeiten an dem karibischen Rekordhalter ausführen.

Ein anderer Baum, der keinen großen Wert auf unsere Freundschaft zu legen scheint, ist der Sandbüchsenbaum. Auch er wächst in den tropischen Gefilden der Neuen Welt, auch er gehört zur großen Familie der Wolfsmilchgewächse, und auch er schafft es regelmäßig in die Top Ten der gefährlichsten Bäume.

Dass er keinen Bock auf unangemeldeten Besuch oder Umarmungen hat, machen schon die dicken dunklen Stacheln klar, mit denen der Stamm des hohen, große herzförmige Blätter tragenden Baums übersät ist. In Afrika, wo er als Zier- und Schattenbaum eingeführt wurde, hat er deshalb den Spitznamen »monkey no climb«. Als Affe oder sonst wer in seine Krone zu klettern, ist aber sowieso keine gute Idee. Denn erstens besteht auch sein Pflanzensaft aus der »wolfsartig« gefährlichen, giftigen und ätzenden Milch, für die seine Familie bekannt ist. Zweitens wäre man dort oben einem erstaunlichen Phänomen näher, das dem Baum weitere, vielleicht noch treffendere Spitznamen eingebracht hat: Dynamitbaum und »monkey's pistol«.

Im Sommer wachsen an den Zweigen knapp faustgroße, wie kleine gelbe Kürbisse aussehende Früchte, die nach und nach austrocknen und holzig und hohl werden. Noch deutlicher als bei einem Kürbis heben sich dann die einzelnen Segmente der braunen Kapseln ab, und traut man sich, an einer zu rütteln, kann man innen die flachen dicken Samen klappern hören. Das Ganze wird nur von dünnen Häutchen zusammengehalten, die durch das Austrocknen immer weiter schrumpfen und unter Spannung geraten – bis irgendwann alles mit einem lauten Knall explodiert! Die Teile zerbersten wie bei einer Granate. Die Samen werden mit bis zu 250 km/h in alle Richtungen geschossen, also mit noch mehr Bums als bei der Zwergmistel aus Kapitel acht. Mit Höchstweiten von fast 50 Metern fliegen sie auch noch mal mehr als doppelt so weit.

Da der Sandbüchsenbaum offensichtlich nicht viel von tierischen Besuchern hält, greift er auf diese Methode zurück, um seine Samen zu verbreiten. Wie bei der Zwergmistel ist das Fachwort dafür die mit der Ballistik verwandte Ballochorie. Fälle, bei denen diese explosive Art der Fortpflanzung tatsächlich schon mal ins Auge gegangen ist, konnte ich in der einschlägigen Literatur nicht finden. Doch die ehrwürdige *Encyclopaedia Britannica* versichert, dass die Kapseln mit solcher Wucht explodieren, dass dabei »Menschen und Nutztiere« verletzt werden können.*

Ohne Explosion und Knalleffekt, dafür mit umso fatalerer Wirkung lässt die Kokospalme ihre großen Früchte fallen. Sie ist von tropischen Inseln und Küsten genauso wenig wegzudenken wie die Schirmakazie aus der Savanne. Zwar scheint die Behauptung, jährlich würden mehr Menschen von Kokosnüssen als von Haien getötet, eine von Journalisten, Haischützern und selbst Forschern allzu arglos wiederholte Legende zu sein. Doch schwere Verletzungen an Kopf, Schultern und Rücken verursachen die oft mehrere Kilo schweren Steinfrüchte schon. Allein 2021 tauchten leider auch zwei Todesfälle in der internationalen Presse auf.

Das sind bei Weitem nicht die 150 pro Jahr, die immer wieder behauptet werden. Auch nicht die etwa fünf Todesopfer

---

* Heißt der Baum deshalb auch Sandbüchsenbaum? Weil er wie eine Schrotbüchse eine (sand-)körnerartige Ladung abfeuert? Nein, Sandbüchsen gehörten früher zur Ausstattung jedes Autors und Briefschreibers: Aus den kleinen Tischgefäßen wurde Sand auf frisch beschriftetes Papier gestreut, damit die Tinte schneller trocknet. In den britischen Karibikkolonien benutzte man dafür die hübschen hohlen Kapseln der deshalb heute noch danach benannten Bäume. Die Kapseln wurden natürlich geerntet und bearbeitet, bevor es zum großen Knall kam.

jährlich, die Haiangriffe laut weltweiter Statistik fordern. Doch ob es wirklich gerechtfertigt war, dem kanadischen Arzt, der mit einer älteren Studie in der Südsee die Legende begründete, den satirischen Ig-Nobelpreis dafür zu verleihen, kann man sich fragen. Auch bei einer späteren Studie zeigte sich zwar, dass die größte Gefahr, die für die dortigen Inselbewohner von Kokospalmen ausgeht, darin besteht, von ihnen herunterzufallen. Doch allein auf den Salomonen, wo insgesamt gerade mal so viele Menschen leben wie in Stuttgart, fällt etwa dreimal im Jahr auch jemandem eine Kokosnuss auf den Kopf. Da besonders Kinder deshalb immer wieder mit Schädelbrüchen eingeliefert werden, raten Ärzte, sie und ihre Eltern stärker vor dem Spielen unter Palmen zu warnen.*

Gewarnt wird auch im australischen Sommer vor fallenden Baumfrüchten, und zwar vor Tannenzapfen. Das mag sich erst mal übertrieben anhören, bis man erfährt, dass die fraglichen Zapfen im Durchschnitt so groß wie eine Ananas und so schwer wie eine Bowlingkugel werden – wir sind schließlich in Down Under. Es handelt sich um die gewaltigen grünen Früchte des urzeitlich anmutenden Bunya-Bunya-Baums, die zu den im vorigen Kapitel erwähnten evolutionären Anachronismen zählen könnten und einst vielleicht von Dinosauriern verzehrt wurden. Die größten haben die Maße eines Medizinballs, wiegen zehn Kilo und, ach ja, sind mit dornenartigen Spitzen besetzt: definitiv nichts, was man aus den Ästen

* Auf den Malediven hat man offenbar die praktische Seite der verkannten Gefahr entdeckt. Wie jüngst in einem Reiseartikel in der *Welt* berichtet wurde, rät dort ein Sprichwort dazu, mit der Schwiegermutter einen Spaziergang unter Palmen zu machen.

eines bis zu 50 Meter hohen Urzeitbaums auf sich niedersausen haben möchte.

Die Bäume sind selten, sodass es nicht oft zu ernsten Verletzungen kommt. Eine Frau in Kalifornien, die ein Haus mit einem der raren Exoten im Garten gekauft hat, traut sich allerdings nicht mehr, Grünarbeiten ohne einen Bauhelm auf dem Kopf zu verrichten. »Sie haben mir nichts davon gesagt«, beschwert sie sich in einem Zeitungsartikel über die Verkäufer ihres neuen Heims: »Es ist so ein böser Baum.«

Noch böser für uns Menschen kann es ausgehen, wenn nicht nur Früchte, sondern gleich ganze Äste ohne Vorwarnung aus Bäumen fallen. Wie schon in Kapitel fünf erwähnt, sind besonders australische Eukalyptusbäume für die gefährliche Angewohnheit bekannt, wie aus dem Nichts große Äste zu verlieren, ohne dass Krankheit, Sturm oder Baumarbeiten eine Rolle spielen. Auch in Deutschland kommt es immer wieder zu solchen spontanen Astbrüchen, zum Teil leider mit tragischen Folgen. Als Ursachen werden oft Hitze und Trockenheit genannt. Doch wie die Mammutbäume in Kapitel sieben scheinen auch andere Bäume gezielt Teile ihrer Krone zu opfern, wenn diese zu sehr im Schatten liegen oder aus anderen Gründen nicht mehr gebraucht werden.

Während ich an diesem Buch schrieb, traf kurioserweise einer der großen Götterbäume auf meinem Arbeitsweg eine solche Entscheidung. Ich hatte das Kapitel über diese bösen Bäume noch gar nicht angefangen, als ich eines Morgens wie immer durch den Park lief und plötzlich ein lautes Krachen hörte. Ich war nah genug, um den silbernen Saum aus Tau zu sehen, der kurz über dem großen grünen Ast in der Luft hing, und dann in voller Pracht den gewaltigen Aufschlag zu verfolgen. Natürlich ist es albern und dem Ernst solcher Unfälle nicht angemessen: Doch ein bisschen fühlte es sich an wie eine Warnung.*

Wenn man es genau nimmt, hat uns Menschen ja schon ganz am Anfang unserer Geschichte ein Baum einen bösen Streich gespielt, zumindest in der biblischen Lesart dieser Historie. Das war auch in einem Park oder, na ja, einer parkähnlichen Anlage, die von einem alten Herrn mit Bart (oder gerne auch einer Frau oder nicht binären Person) beaufsichtigt wurde.

Dieser Baum ist natürlich der Baum der Erkenntnis – gewissermaßen der erste böse Baum, auf den wir jemals trafen. Er ist es allerdings auch, der uns befähigt hat, uns zu fragen, ob Bäume wirklich böse sein können. Mit vollem hebräischem Namen heißt er sogar ausdrücklich: Baum der Erkenntnis von Gut und Böse.

Bei einem Buch mit dem Titel *Böse Bäume* mag es ein wenig merkwürdig erscheinen, wenn diese Frage erst ganz am Ende gestellt wird. Aber wenn Sie schon so weit gekommen sind, macht es jetzt auch keinen Sinn mehr, sich darüber zu beschweren.

---

* Es war nicht das erste Mal, dass sich Leben und Schreiben auf eigenartige Weise vermischten. Wie erwähnt war auch schon oft die Tierwelt mein Thema, und 2014 erschien ein (natürlich wieder sehr lesenswerter) Roman, in dem Adler Bergwanderer im schönen Berchtesgaden angreifen. Im Sommer darauf wurde ich beim Waldlauf von einem Mäusebussard attackiert, vor dessen Sturzflügen ich genauso verstört floh wie Cary Grant vor dem berühmten Doppeldecker in *Der unsichtbare Dritte*. Wie ich später erfuhr, hätte ich zu der Jahreszeit nicht anhalten dürfen, um den schönen Vogel in den Ästen zu bewundern: So hielt er mich für eine Bedrohung für seine Jungen.

Im etwas verwirrend erzählten Schöpfungsbericht des Alten Testaments erschafft der liebe Herrgott in nur sechs Tagen Himmel, Erde, Pflanzen, Tiere und Menschen. Bevor er sich dafür am siebten Tag eine wohlverdiente Pause gönnt, richtet er Adam, dem ersten Menschen, noch schnell den Garten Eden ein und gesellt ihm Eva hinzu, damit er nicht so allein ist.

Der Garten Eden ist das Paradies (was tatsächlich mal so viel wie »eingehegter Park« bedeutete). Es gibt reichlich zu essen und eine sprudelnde Quelle mit frischem Wasser. Die Menschen herrschen über alle Tiere und dürfen sich hübsche Namen für sie ausdenken. Außerdem laufen Adam und Eva den ganzen Tag nackt herum, ohne was dabei zu finden – was nicht nur im Urlaub auf Sylt Spaß macht.

Kein Wunder, dass Christen und Muslime sich so ähnlich später auch das himmlische Paradies vorstellen, in dem dann sogar Wölfe und Lämmer in Frieden leben und Löwen zu Vegetariern werden. Zugleich muss man unwillkürlich an die unberührte, in ursprünglicher »Harmonie« verbliebene Natur denken, in die wir uns heute so gerne zurücksehnen. Wesentliche Teile der Story wurden offenbar im 6. Jahrhundert vor unserer Zeit verfasst, als die jüdischen Schöpfer des Alten Testaments in Babylon im Exil lebten. Mit mehr als 100.000 Einwohnern gilt die im heutigen Irak gelegene Stadt als größte ihrer Epoche, und mein erster Gedanke war, dass gebildete Städter vielleicht schon damals weniger urbane Formen des menschlichen Daseins verklärten. Der wahre Ursprung könnte mit den Anfängen der Landwirtschaft, den schönen Gärten Babylons, älteren religiösen Erzählungen oder auch politischen Erwägungen zu tun haben. All das liegt lange zurück, sodass Wissenschaftlern kaum mehr übrig bleibt, als auf kluge Weise darüber zu spekulieren.

Fakt ist jedoch, dass wir immer noch im Garten Eden leben würden – wäre da nicht dieser eine Baum gewesen. Er war einer von zwei besonderen Bäumen, die in der Mitte des Paradieses standen: Der eine war der Baum des Lebens, wie es ihn ähnlich in vielen Religionen gibt. Der andere war der besagte Baum der Erkenntnis, den Gott zwar mit lockenden Früchten behängte, jedoch nur um dann zu sagen, man dürfe nicht davon essen. Es war ein bisschen wie mit den »Rasen betreten verboten«-Schildern, an die ich mich aus meiner Kindheit erinnere und hinter denen sich immer ein perfekt gepflegtes Fußballfeld erstreckte. Als allmächtiger Schöpfer, der gerne für seine unendliche Weisheit gepriesen wird, hätte man eigentlich ahnen können, wie das ausgeht.

In der christlichen Ikonografie von Dürer und Cranach bis *Adam sucht Eva* wird der Baum der Erkenntnis meist als Apfelbaum dargestellt. Da wir diesen aus Kapitel zwei als potenziellen Kindsmörder kennen, passt das eigentlich ganz gut. Nur basiert die Zuordnung wohl auf einem Kalauer des Kirchenvaters Hieronymus, der beim Übersetzen der Bibel damit spielte, dass das lateinische Wort für Apfel zugleich »Böses« bedeutet. Im hebräischen Urtext sind weder der Baum noch seine Früchte genauer definiert, und schon die frühen Rabbiner zerbrachen sich den Kopf, um was für ein Gewächs es sich handeln könnte. Manche dachten eine Weinrebe, weil später Noah besoffen und nackt in seinem Zelt gefunden wird, andere eine Zitrone, weil die auf Hebräisch auch »begehren« heißt, manche sogar Weizen, weil der sich so schön auf »Sünde« reimt. Als eine plausible Lösung galt außerdem

immer die Feige, schon weil sich Adam und Eva im weiteren Verlauf mit ihren Blättern bedecken.

Für diese Variante entschied sich auch der große Renaissancekünstler Michelangelo, als er im Auftrag des Papstes die Decke der Sixtinischen Kapelle mit der Schöpfungsgeschichte schmückte. Zugleich windet sich bei ihm der Schwanz der oben als Frau gemalten Schlange so kraftvoll und organisch um den Stamm, als handele es ich um die bösen Wurzeln der auch bei mir ganz am Anfang des Buches stehenden Würgefeige.

Die Schlange, die später in der Offenbarung als Teufel offenbart wird, »challenged« Eva dazu, vom Baum der Erkenntnis zu essen. Sie leitet das sehr geschickt mit dem Zitat ein, das oben vor diesem Kapitel steht und dessen Subtext so viel heißt wie: *Ihr lasst euch von dem verschrobenen alten weißen Mann, der hier den Macker spielt, tatsächlich irgendwas sagen?* Als Gott kurz darauf durch seinen schmucken Park spaziert, hocken die zwei Menschenkinder mit Feigenröckchen im Gebüsch und bibbern. Adam ist ebenfalls schwach geworden, was man leicht an seinem Adamsapfel erkennt: im Volksglauben ein Stück der verbotenen Frucht, das ihm und damit allen Männern für immer im Halse stecken geblieben ist. Die Vertreibung aus dem göttlichen Club Robinson ist besiegelt: Adam muss ab jetzt für seinen Lebensunterhalt ackern, Eva auf die Erfindung der PDA hoffen und, ach ja, wir Menschen sind fortan sterblich. Selbst die offensichtlich hochbegabte Schlange wird dazu verdammt, wie ein niederes Reptil durch den Staub zu kriechen.

Der Einzige, der ungeschoren davonkommt, ist der Baum,

Rätselhafter Sündenfall: Nicht nur die Geschichte um den Baum der Erkenntnis selbst, auch welche Früchte er trug, ist bis heute Gegenstand vieler Deutungen.

der an dem ganzen Schlamassel schuld ist. Er darf mitten im Paradies stehen bleiben und wird nicht mal wie der Manchinelbaum mit Warnfarbe bemalt oder bekommt ein Schild angenagelt: *Achtung, essen Sie nicht von diesem Baum. Selbst noch so viele Piña Coladas können Ihnen dann nicht mehr helfen!* Gut, da es im irdischen Paradies sowieso keine Menschen mehr gibt, ist das vielleicht auch nicht wirklich wichtig.

Hat Gott den Menschen mit dem Baum der Erkenntnis eine fiese Falle gestellt, ähnlich wie mir als Kind das Grünflächenamt? Hat er so – nämlich mit einem Baum! – nicht überhaupt erst das Böse in die Welt gebracht? Gläubige Menschen treiben solche Fragen tatsächlich um, und obwohl ich die Schöpfungsgeschichte hier etwas flapsig wiedergegeben habe, liegt mir nichts ferner, als mich über ihren Glauben oder den von irgendjemandem sonst lustig zu machen. Von mir aus darf jeder glauben, denken und sagen, was er, sie, es und jede vorstellbare Seinsform will, solange das nicht heißt, dass alle anderen es auch tun müssen. Unbehaglich wird mir immer erst, wenn jemand behauptet, im Besitz der einzigen Wahrheit zu sein – das gilt nicht nur in Glaubensdingen.

Die Sache mit dem Baum ist schon früh so manchem aufgestoßen. Nachdem mit dem Neuen Testament und Jesus eine weniger autoritär auftretende Gottesgestalt verfügbar geworden war, gab es zum Beispiel reichlich Kritik von den Gnostikern, deren Name nicht umsonst so viel wie »Erkennende« oder »Wissende« bedeutet. Wie es für uns heutige Freigeister durchaus nachvollziehbar erscheint, stellten sie sich auf die Seite von Eva und der Schlange, die bei ihnen sogar zu so etwas wie dem wahren Erlöser wurde. Auch Immanuel Kant, dem wir zu verdanken haben, dass er die alte Regel »Was du nicht willst …« in schlau klingende Worte kleidete, hielt den Sündenfall eher für einen Gewinn – genauso, wen wundert es, Friedrich Schiller. Heinrich Heine, der sich nach dem polternden Platzverweis ebenfalls nicht mehr in den mit fragwürdigen Regeln belegten Park zurückwünschte, dichtete:

Vermissen werd ich nimmermehr
Die paradiesischen Räume;
Das war kein wahres Paradies –
Es gab dort verbotene Bäume.

Selbst moderne Theologen tun sich schwer, das lockende Verbot des göttlichen Grünflächenamts heute noch rundweg zu verteidigen. Die beste Begründung deckt sich auffällig genau mit jener der oben genannten Aufklärer, für die uns der Biss in Apfel, Feige oder Zitrone über den Stand rein instinktgeleiteter Tiere erhob. So waren wir frei, über unsere Handlungen zu entscheiden: Ob das nun hieß, in den Schoß eines milder gewordenen Gottes zurückzufinden oder uns fern des Gartens mit den mühsam erarbeiteten Errungenschaften der Vernunft abzuplagen. Wobei viele äußerst vernünftige Leute vermutlich sagen würden, dass auch Letzteres keineswegs unbedingt ein wie auch immer geartetes Gefühl für Göttliches ausschließt.

Seit der Aufklärung sind allerdings auch die angeblich so dumpfen Tiere ein gehöriges Stück zu uns aufgerückt. Selbst Pflanzen werden nicht mehr selbstverständlich als geist- und gefühlloses Grünzeug gesehen.

Was uns endlich zu der alles entscheidenden Frage dieses Buches bringt: Gibt es wirklich böse Bäume?

Die Idee zu diesem Buch hat – inzwischen haben Sie gemerkt, dass auch ich Kalauern schwer widerstehen kann – mehrere Wurzeln. Da ist zum einen die im ersten Kapitel geschilderte Reise, bei der ich mich plötzlich in den Fängen einer Würgefeige wiederfand. Schon vor mehr als zehn Jahren habe ich außerdem ein Buch geschrieben, in dem es auf ähnliche Weise um »böse Tiere« ging. Als meine Lektorin und ich damals über neue Projekte sprachen, haben wir oft gesagt, eigentlich wäre auch mal ein lesernahes, interessantes und zugleich unterhaltsames Buch über den Wald eine schöne Sache.

Ein solches Buch hat dann bald darauf Peter Wohlleben geschrieben, mit seinem Bestseller *Das geheime Leben der Bäume.* Der sympathische Förster darf mit Fug und Recht behaupten, dass danach viele Menschen den Wald mit neuen Augen sahen. Die meisten hatten wie ich selbst wahrscheinlich schon vorher eine gute Meinung von Bäumen. Jetzt tauschten diese auch noch über das »Wood Wide Web« geheime Wurzelbotschaften aus, versorgten selbstlos Nachwuchs und Pflegefälle und warnten sich wie die Akazie in Kapitel drei gegenseitig vor Feinden. Für grünbewegte Kinder der 80er wie mich schien sich damit zu bestätigen, was wir schon immer ahnten: Unsere Freunde die Bäume waren selbst bis in ihr bisher zu wenig erforschtes Privatleben hinein die besseren Menschen.

Bei der besonderen Beziehung zum Wald, die uns Deutschen nachgesagt wird, gab es jedoch auch immer eine dunkle Seite. Man denke nur an die düsteren teutonischen Wälder aus Kapitel vier oder die ebenfalls dort erwähnten Märchen der Gebrüder Grimm. Darin ging man eigentlich nur in den Wald, wenn man vom Jäger abgemurkst, von der Hexe geröstet oder vom bösen Wolf gefressen werden wollte. Ich hatte das Pech oder das Glück, all das stets mit dem grünen Tatort vor Augen erzählt zu bekommen. Die Erzählerin war die gute alte »Tante Herta«, die beste Kindergärtnerin aller Zeiten. In meiner Erinnerung unweigerlich in ihre dicke Pelzmontur gepackt, wanderte sie mit uns selbst bei schlimmstem Wetter so unerbittlich durch den Wiesbadener Stadtwald, dass ich bis heute nicht sicher bin, ob der Kindergarten auch Innenräume hatte. Beim Start wurden Evergreens wie *Es klappert die Mühle am rauschenden Bach* oder *Ein Vogel wollte Hochzeit machen* angestimmt. Wenn dann alle erschöpft und aufnahmefähig genug waren, lauschten wir unterm Dach der vorbeiziehenden Bäume den alten, schönen, bluttriefenden und stets komplett aus dem Kopf erzählten Geschichten.

Vielleicht kommt daher meine Neigung, bei aller früh geweckten Begeisterung für die Natur auch stets ein wachsames Auge auf ihre Schattenseiten zu haben. 2019 brachten die großartige junge Illustratorin dieses Buches, Janine Czichy, und ich ein (wie immer äußerst lesens- und verschenkenswertes) Kinderbuch über »böse Tiere« heraus. Etwas später begann ich dann ernsthaft, auch im Keller meiner schweigsamen alten Freunde nach Leichen zu graben. *Das geheime Leben …* schön und gut. Aber was war eigentlich mit dem *gemeinen* Leben der Bäume?

Das Kuriose ist, dass man auch im *Geheimen Leben* gar nicht lange suchen muss, um auf die dunkle Seite unserer liebsten Waldbewohner zu stoßen. Buchen sind Peter Wohllebens erklärte Lieblingsbäume, und wie weiter oben in diesem Buch kurz angeschnitten, hätte er nichts dagegen, wenn wir ihnen wieder zu ihrer alten Vorherrschaft im deutschen Wald verhelfen. Er selbst schildert in seinem Bestseller allerdings so eindringlich, wie ein junger Buchenstreber nach und nach eine alte Eiche niederringt, dass ich die Passage bei einem weniger bekannten Autor einfach per Copy-and-paste übernommen hätte. Das ist im Grunde auch nicht verwunderlich: Der Mann ist Förster und weiß vermutlich noch hundertmal besser als ich, wie böse es zugehen kann – unter deutschen Blätterdächern.

Ein Stein des Anstoßes, über den viele Kritiker von Wohllebens Welt stolpern, ist jener, den er gleich im ersten Kapitel zunächst für einen hält. Dann erkennt er darin jedoch einen uralten Baumstumpf und geht davon aus, dass dieser seit Jahrhunderten von all den freundlichen Bäumen drum herum durchgefüttert wird. Die Grundsituation ist ganz ähnlich wie jene des Albino-Redwoods aus Kapitel sieben dieses Buches. Nur dass jener selbst von Forschern mal für einen schmarotzenden Vampir, mal für eine Art baumliche Giftmülldeponie, mal für einen Märtyrer gehalten wird. Wenn es ein neudeutsches Take-away gibt, bei dem ich mich als notorischer Ballflachhalter freuen würde, wenn Sie es aus diesem Buch mitnehmen, dann dass selbst in der modernen Wissenschaft oft immer noch vieles darauf ankommt, wie man ihre Erkenntnisse gerne sehen möchte. Peter Wohlleben, so der oft gemachte Vorwurf, verbreitet eine allzu rosige, menschelnde Sicht der Dinge. Ich habe mir hier den Spaß gemacht, die auch von mir geliebten Bäume genauso munter zu vermenschlichen wie er: nur eben aus dem Blickwinkel einer weniger rosig gefärbten Brille.

Bei dem Buch über »böse Tiere« damals habe ich schon im Vorwort vorausgeschickt, dass diese natürlich nicht wirklich zu bösen Taten fähig sind, weil zur Wahl zwischen Gut und Böse nicht wie wir in der Lage. Zu jener Zeit legten Erkenntnisse der Hirnforschung gerade nahe, dass trotz unserer bitter erkauften Überlegenheit selbst wir uns diese Wahl nur einbilden könnten. Inzwischen sehen das manche Biologen weniger eng und erkennen gewisse Anlagen zum berühmten freien Willen sogar bei Fruchtfliegen. Diese gedeihen nicht nur im Herbst in Ihrer Küche wie die Pest, sondern werden auch in den Labors dieser Welt als sogenannter Modellorganismus millionenfach gezüchtet. Bei Versuchen mit Licht- und Duftreizen zeigte sich, dass die kleinen Quälgeister aus der Ordnung der Zweiflügler eine überraschende Verhaltensvariabilität an den Tag legen. Sie reagieren unerwartet individuell, und manche demonstrieren eine zumindest mir äußerst vertraut vorkommende Neigung, wider alle evolutionäre Vernunft stets das Falsche zu tun. An der US-Universität Harvard hat man sich sogar ein lustiges »Gesetz« für diese Art von Verhalten ausgedacht. Es lautet: »Unter exakt kontrollierten Laborbedingungen macht jedes Tier genau das, wozu es verdammt noch mal gerade Lust hat.«

Auch bei Pflanzen schält sich zunehmend heraus, dass sie keineswegs immer nach Schema F agieren. Die Mimose kam in diesem Buch schon mal als tragische Topfpartnerin junger Sandelbäume vor. Sie ist eins der Gewächse, das wir gerne dazu verwenden, Menschen zu »verpflanzlichen«. Um für grasende Tiere weniger appetitlich zu wirken und vielleicht Insekten weniger Halt zu bieten, zieht sie bei der kleinsten Berührung die Blätter ein. Deshalb nennen wir manchmal besonders empfindliche Mitmenschen so. In den Kew Gardens in London können Sie nicht nur die in Kapitel neun erwähnten Bilder von Marianne North und so manchen Exoten aus den anderen Kapitel bewundern. Auch ein Beet mit den an und für sich eher unscheinbaren Bodendeckern ist angelegt. Berühren Sie jedoch eins der gefiederten Blättchen mit dem Finger, wartet eine Enttäuschung auf Sie. So viele andere Besucher haben vor Ihnen schon das Gleiche getan, dass die Mimosen nicht mehr reagieren. Wie Affen in einem Zoo, die für die provozierenden Verrenkungen und Grunzlaute der Besucher nur noch mitleidige Blicke übrig haben, bleiben die Pflänzchen stoisch und still.

Die Mimosen haben gelernt, dass von verspielten Pflanzenfreunden keine Gefahr für sie ausgeht. Wie unter Laborbedingungen nachgeprüft wurde, bleiben sie deshalb locker, und das selbst dann, wenn man sie erst Wochen später wieder auf dieselbe harmlose Weise reizt. Nicht weniger spannend sind Experimente mit Erbsenpflanzen, die offenbar ebenfalls zum Einordnen und Abspeichern von Reizen fähig sind. Beströmt man sie jedes Mal mit Luft, bevor man sie aus derselben Richtung mit einem Strahler bescheint, wenden sie ihre lichthungrigen Blätter nach einer Weile auch nur dem Luftstrom zu.* Wie der berühmte pawlowsche Hund bei Glöckchen und Futter haben sie offenbar kapiert, dass Lüftchen und Licht miteinander verbunden sind. Besteht die Aufgabe wiederum darin, mit anderen Pflanzen ums Licht zu kämpfen, zeigt sich eine erstaunliche Flexibilität. Hier scheint zum Beispiel das Kriechende Fingerkraut je nach Größe und Dichte des Gegners genau abzuwägen, ob es ihn zu umwachsen, in den Schatten zu stellen oder still zu ertragen versucht.

---

* Als ein anderer Wissenschaftler den 2016 gemachten Versuch wiederholte, stellte er allerdings keine Fähigkeit zum sogenannten assoziativen Lernen fest.

Geht es um den Umgang mit Ressourcen, fragt sich ein Forscher sogar, ob Pflanzen im Vergleich zu Tieren nicht die »rationaleren« Geschöpfe sind. Grundlage sind wieder Versuche mit Erbsenpflänzchen, die sich diesmal mit ihren Wurzeln entweder für eine schlechte, aber verlässliche oder gute, aber unstete Versorgungslage entscheiden sollten. Im fallweise anzupassenden Risikomanagement schnitten sie wohl besser ab als in einer ähnlichen Situation Vögel (die allerdings wie ihre vermutlichen Vorfahren die Dinosaurier oft als ausgesprochene Erbsenhirne gelten).

Das sind nur ein paar von vielen Beispielen, um deren Bedeutung in der Botanik gerade ein kleiner »Kulturkampf« tobt. Brauchen Bäume und andere Pflanzen wirklich ein Gehirn und Nerven, um zu fühlen, zu denken, Entscheidungen zu treffen und uns und anderen Tieren ähnlich zu sein? Oder sind langsam durch ihre Zellen kriechende elektrische Signale, chemische Botenstoffe und Hormone sowie einfache Sinnesleistungen genug, um auch bei ihnen so was wie Intelligenz und Bewusstsein zu erzeugen?

Um Ihnen auf diese Frage ein paar auch nur halbwegs gehaltvolle Antworten zu geben, müsste ich ein noch mal so langes Buch schreiben. So richtig viel weiter würde uns vermutlich aber auch das nicht bringen. Denn selbst wenn Pflanzen zu mehr fähig wären, als ihr angeborenes Überlebensprogramm je nach Situation flexibel anzuwenden: Was bedeutet denn eigentlich genau »böse«? Und was, wenn wir schon mal dabei sind, hat andererseits »gut« zu bedeuten?

Die Würgefeige könnte in jedem Krimi als brutaler Bösewicht auftreten. Allerdings versorgt sie, wie ich in meiner mehrseitigen Anklageschrift keineswegs verschwiegen habe, den halben Dschungel mit ihren leckeren Früchten. Als wirklich böse, also nicht einfach ihrer Natur gemäß handelnd, würden wir sie vermutlich erst sehen, wenn sie anfinge, arglos auf ihr sitzende Gibbons und Papageien zu strangulieren – und zwar aus reinem Spaß an der Sache. Für die giftige Walnuss hat wohl jeder ein bisschen Verständnis, der sich in großen Menschenmengen nicht wohlfühlt. Wäre nicht auch sie erst wirklich böse, wenn sie mit einem ähnlichen Mechanismus wie die Zwergmistel ihre tödlichen Fruchtschalen in Gegenden katapultierte, die sie im Grunde überhaupt nicht tangieren?

Was ist andererseits so besonders edel daran, eine große Clique aus ständig miteinander tuschelnden und wie Pech und Schwefel zusammenhaltenden Baumindividuen zu bilden? Klar, für diejenigen, die dazugehören, ist das eine feine Angelegenheit. Aber was ist mit all den schlecht vernetzten Pioniergewächsen, die dabei außen vor bleiben? Selbst der weiter oben erwähnte kantsche Imperativ, der bei uns handlicherweise die Zehn Gebote abgelöst hat, ist zwar perfekt dafür, in großen Gruppen, in denen nicht jeder wie bei Bienen oder Ameisen die gleiche Mutter hat, für ein halbwegs friedliches und produktives Zusammenleben zu sorgen. Aber wie wir aus Kapitel drei wissen, neigen solche Gruppen auch gerne mal dazu, übereinander herzufallen oder die Umwelt nach ihren ganz eigenen Vorstellungen zu gestalten.

Aber das führt jetzt alles ziemlich weit. Und nachdem ich in diesem Kapitel schon fleißig die Bibel exegiert habe, möchte ich es auf keinen Fall mit einem zeit- und zivilisationskritischen Wort zum Sonntag schließen.

Ich weiß nicht, ob Sie wirklich eine ernsthafte Antwort erwartet haben. Aber wenn Sie mich fragen, ob es böse Bäume gibt, lautet sie wie ganz am Anfang, als es um die seltsam wohltuende Wirkung unserer Blätter tragenden Mitgeschöpfe ging: schwer zu sagen.

Und ich gestehe Ihnen was: Wenn ich am Wochenende trotz der fast schon »eukalyptisch« anmutenden Sommerhitze, die gerade mal wieder herrscht, durch den wunderbaren Wald hechle, dann ist es mir eigentlich auch gar nicht so wichtig …

Danksagung

Wie gleich im Quellenteil bedanke ich mich auch hier noch mal bei all den forschenden und schreibenden Baumfreunden, auf deren »Vorarbeit« sich dieses Buch in weiten Teilen stützt: Ich kann es nicht oft genug tun!

Großer Dank gebührt auch Carmen Kölz für ihren guten Tipp, Alfio Furnari von Landwehr & Cie. für seine ausgezeichnete Vertretung sowie natürlich Lilly Bandulet für ihre entspannte und supersympathische Betreuung bei Goldmann. Bei Janine kann ich mich ebenfalls nicht oft genug bedanken: So häufig, wie ich Sonderwünsche bei den Illustrationen angemeldet habe, ist es ein Wunder, dass man mich nicht längst mit einem Zeichenstift im Rücken im Wald gefunden hat! Bei René Stein bedanke ich mich für das aufmerksame und humorvolle Lektorat; bei Frauke Wilkens und Marianne Maurath für die extrem gründlichen Korrekturen; bei Goldmanns Herstellungsteam für das schöne Layout und die gesamte Umsetzung.

Monika Schneider, Romy Cutillo, Laura Trost und Martin Löffler von der Agentur Stern danke ich für die guten Ratschläge zum Cover, ebenso meiner ganzen verrückten Bande vom »Wanderzirkus«. Meinem Bruder und seiner Familie danke ich für ihr Verständnis, dass ich mich während des

Schreibens so selten blicken ließ, Marion für den tollen »Halt durch!«-Ballon: Dem ging zwar schon nach einem Tag die Luft aus – aber wenn man sie mit ein bisschen Tesa am Regal festklebt, scheinen die Dinger auch so zu funktionieren.

Quellen

Das meiste von dem, was ich in diesem Buch erzählt habe, haben Wissenschaftler mit viel Aufwand und Leidenschaft erforscht oder Journalisten und andere Schreibende sorgfältig recherchiert. Ich führe nicht alle Quellen auf, aber viele, und zwar in der Reihenfolge, in der ich sie genutzt habe. An alle Forscher, Autoren und ihre unter »et al.« zusammengefassten Kollegen meinen aufrichtigen Dank und die Bitte um Verständnis für die aufs Wesentliche reduzierten Angaben. Leser, die mehr über böse Bäume erfahren möchten, können damit leicht die jeweiligen Papers, Artikel und Blogs im Internet finden. In vielen Fällen sind sie kostenlos abrufbar.

1 Die Würgerin im Dschungel

Randall, Ian: *Being strangled may save this tree's life,* science.org, 2017

Rønsted, Weiblen, Cook et al.: *60 million years of co-divergence in the fig-wasp symbiosis,* Proceedings of the Royal Society B, 2005

Laman, Timothy: *The ecology of strangler fig seed establishment,* Selbyana, 1995

McDermott, Amy: *Insects, not just wind, offer an ancient mechanism of orchid seed dispersal,* blog.pnas.org, 2020

Zahorka, Herwig: Würgefeigen: *Baumwürger und ihr geheimes Sexualleben. »Mordlüsterne« Pflanzen oder Lebenskünstler?,* Der Palmengarten, 2018

Armstrong, W.P.: *Stranglers and Banyans: Amazing Figs of the Tropical Rain Forest*, www2.palomar.edu, 1999

Ebika, Morgan, Sanz et al.: *Hemi-epiphytic Ficus (Moraceae) in a Congolese forest*, Plant Ecology and Evolution, 2015

Compton, Musgrave: *Host relationships of Ficus burtt-davyi when growing as a strangler fig*, South African Journal of Botany, 1993

Brewer, Grace: *Strangler figs: Killers or bodyguards?*, Kew Royal Botanic Gardens, 2019

Pati, Gilbert, Zotz et al.: *Growth and survival of aerial roots of hemiepiphytes in a lower montane tropical moist forest in Panama*, Journal of Tropical Ecology, 1999

Athreya, Vidya: *Light or presence of host trees: Which is more important for the strangler fig?*, Journal of Tropical Ecology, 1999

Putz, Holbrook: *Strangler fig rooting habits and nutrient relations in the llanos of Venezuela*, American Journal of Botany, 1989

Grandtner, Chevrette: *Dictionary of Trees, Volume 2: South America: Nomenclature, Taxonomy and Ecology*, Academic Press, 2013

Mori, Scott: *An Unwanted Hug*, nybg.org, 2014

Hoffner, Erik: *Can fig trees regrow lost rainforests?*, news.mongabay.com, 2016

Shanahan, Mike: *Can living fig-tree bridges save lives in a changing climate?*, news.trust.org, 2016

Ludwig, Middleton, Gallenmüller et al.: *Living bridges using aerial roots of Ficus elastica – an interdisciplinary perspective*, Scientific Reports, 2019

2 Das wahre Gesicht der Walnuss

Pankau, Ryan: *Black Walnut*, extension.illinois.edu, 2018

Pollegioni, Woeste, Chiocchini et al.: *Rethinking the history of common walnut (Juglans regia L.) in Europe: its origins and human interactions*, PLoS One, 2017

Willis, R.J.: *Juglans spp., juglone and allelopathy*, Allelopathy Journal, 2000

Feeley, Chris: *Black Walnut: The Killer Tree*, extension.iastate.edu, 2022

Grote, Andreas: *Chemische Kriegsführung: Giftiger Herbst*, sueddeutsche.de, 2010 hna.de: *Die Walnuss duftet sich den Weg frei*, 2011

scinexx.de: *Geburtenkontrolle unterm Walnussbaum*, 2002

Strugstad, Despotovski: *A summary of extraction, properties, and potential uses of juglone: a literature review*, Journal of Ecosystems & Management, 2012

Widhalm, Rhodes: *Biosynthesis and molecular actions of specialized 1,4-naphthoquinone natural products produced by horticultural plants*, Horticulture Research, 2016

Rietveld, W.J.: *Allelopathic effects of juglone on germination and growth of several herbaceous and woody species*, Journal of Chemical Ecology, 1983

Dana, Lerner: *Black walnut toxicity*, extension.purdue.edu, 2001

Joy, Hudelson: *Black walnut toxicity*, hort.extension.wisc.edu, 2010

mein-schoener-garten.de: *Walnuss, Nussbaum*, 2018

Coder, Kim: *Black Walnut Allelopathy: Tree Chemical Warfare*, warnell.uga.edu, 2017

newswire.caes.uga.edu: *Your black walnut tree is out to get you*, 2021

Pollmer, Udo: *Gesunde Walnüsse: Vorsicht vor der grünen Schale!*, deutschlandfunkkultur.de, 2016

Lochstampfer, Uwe: *Echte Walnuss*, botanikus.de, 2021

Willis, R.J.: *The History of Allelopathy*, Springer Science & Business Media, 2007

abcnews.go.com: *Autumnal Foliage Can Be Pretty Tree-Killers*, 2006

Topal, Kocacaliskan, Arslan et al.: *Herbicidal effects of juglone as an allelochemical*, Phyton, 2007

Islam, Widhalm: *Agricultural uses of juglone: opportunities and challenges*, Agronomy, 2020

Ribeiro, de Carvalho, Molina et al.: *Activities of naphthoquinones against Aedes aegypti (Linnaeus, 1762) (Diptera: Culicidae), vector of dengue and Biomphalaria glabrata (Say, 1818), intermediate host of Schistosoma mansoni*, Acta Tropica, 2009

3 Die Killerbrigade der Akazie

Grasset, Léo: *Why do giraffes have such long necks?*, sciencefocus.com, 2016

Ulrich, Viola: *Warum Giraffen so einen langen Hals haben*, welt.de, 2017

Williams, Edgar: *Giraffe stature and neck elongation: vigilance as an evolutionary mechanism*, Biology, 2016

safari-ecology.blogspot.com: *Why do savanna trees have flat tops?*, 2012

Bouchenak-Khelladi, Maurin, Hurter et al.: *The evolutionary history and biogeography of Mimosoideae (Leguminosae): An emphasis on African acacias*, Molecular Phylogenetics and Evolution, 2010

War, Paulraj, Ahmad et al.: *Mechanisms of plant defense against insect herbivores*, Plant Signaling & Behavior, 2012

Griffiths, D.W.: *The inhibition of digestive enzymes by polyphenolic compounds*, Advances in Experimental Medicine and Biology, 1986

Beardsley, Tim: *Clearing the Airways*, Scientific American, 1990

Seigler, Ebinger: *Cyanogenic glycosides in ant-acacias of Mexico and Central America*, The Southwestern Naturalist, 1987

Zinn, Ward: *Inducible defences in Acacia sieberiana in response to giraffe browsing*, African Journal of Range and Forage Science, 2007

Molisch, Hans: *Der Einfluss einer Pflanze auf die Andere: Allelopathie*, Gustav Fischer Verlag, 1938

Hughes, Sylvia: *Antelope activate the acacia's alarm system*, New Scientist, 1990

Wohlleben, Peter: *How trees send out news bulletins*, smh.com.au, 2016

safari-ecology.blogspot.com: *Why is the African savanna so full of thorns?*, 2012

Halpern, Raats, Lev-Yadun: *Plant biological warfare: Thorns inject pathogenic bacteria into herbivores*, Environmental Microbiology, 2006

Leichty, Poethig: *Development and evolution of age-dependent defenses in ant-acacias*, PNAS, 2019

Budde, Joachim: *Eine Armada von Ameisen gegen einen Elefanten*, deutschlandfunk.de, 2019

Kyalangalilwa, Boatwright, Daru: *Phylogenetic position and revised classification of Acacia s.l. (Fabaceae: Mimosoideae) in Africa, including new combinations in Vachellia and Senegalia*, Botanical Journal of the Linnean Society, 2013

Young, Stubblefield, Isbell: *Ants on swollen-thorn acacias: species coexistence in a simple system*, Oecologica, 1997

Oliveira, Koptur: *Ant-Plant Interactions: Impacts of Humans on Terrestrial Ecosystems*, Cambridge University Press, 2017

Goheen, Palmer: *Defensive plant-ants stabilize megaherbivore-driven landscape change in an African savanna*, Current Biology, 2010

Martins, Dino: *Not all ants are equal: Obligate acacia ants provide different levels of protection against mega-herbivores*, African Journal of Ecology, 2010

Lev-Yadun, Simcha: *Does the whistling thorn acacia (Acacia drepanolobium) use auditory aposematism to deter mammalian herbivores?*, Plant Signaling & Behavior, 2016

Palmer, Stanton, Young et al.: *Breakdown of an ant-plant mutualism follows the loss of large herbivores from an African savanna*, Science, 2008

Pfannes, Baier: *»Devil's Gardens« in the Ecuadorian Amazon – association of the allelopathic tree Duroia hirsuta (Rubiaceae) and its »gentle« ants*, Revista de Biología Tropical, 2002

Salas-López, Talaga, Lalagüe: *The discovery of devil's gardens: an ant-plant mutualism in the cloud forests of the Eastern Amazon*, Journal of Tropical Ecology, 2016

Shwartz, Mark: *Ants, not evil spirits, create poisonous devil's gardens in the Amazon rainforest*, news.stanford.edu, 2005

Smith, Belinda: *Australia or Africa? The botanical controversy over who can call their plants »Acacia«*, abc.net.au, 2021

Prins, Gordon: *Invasion Biology and Ecological Theory: Insights from a Continent of Transformation*, Cambridge University Press, 2014

Amador-Vargas, Sabrina: *Plant killing by mutualistic ants increases the density of host species seedlings in the dry forest of Costa Rica*, Psyche, 2012

Yong, Ed: *Ant Bodyguards Get Exclusive Contract from Trees*, nationalgeographic.com, 2013

Gill, Victoria: *Acacia plant controls ants with chemical*, bbc.co.uk, 2009

Heil, Barajas-Barron, Orona-Tamayo et al.: *Partner manipulation stabilises a horizontally transmitted mutualism*, Ecology Letters, 2013

Edwards, Frederickson, Shepard et al.: *A plant needs ants like a dog needs fleas: Myrmelachista schumanni ants gall many tree species to create housing*, The American Naturalist, 2009

4 Buchen musste nicht suchen

BMEL: *Der Wald in Deutschland: Ausgewählte Ergebnisse der dritten Bundeswaldinventur*, 2018

Schulz, Roland: *Ausbreitung der Waschbären bedroht andere Arten*, tagesspiegel.de, 2018

Mina, Marco: *The Return of the Forest – how trees reconquered the European continent after the last Ice Age*, marco-mina.com, 2020

De Padova, Thomas: *Warum gibt es im deutschen Urwald so viele Buchen?*, tagesspiegel.de, 2011

BMU: *Deutsche Buchenwälder – Welterbe der UNESCO*, 2019

Durrant, de Rigo, Caudullo: *Fagus sylvatica in Europe: distribution, habitat, usage and threats*, European Atlas of Forest Tree Species, 2016

weltnaturerbe-buchenwaelder.de: *Weltweit einzigartig: Die anhaltende Ausbreitung der Buchen*, 2022

duden.de: *Der Zusammenhang zwischen »Buch«, »Buche« und »Buchstabe«*, 2022

unesco.de: *UNESCO-Welterbe Alte Buchenwälder und Buchenurwälder der Karpaten und anderer Regionen Europas: Einzigartiges Waldökosystem von enormer Diversität*, 2022

waldwissen.net: *Ökologie und Entwicklungsgeschichte der Buche*, 2022

nationalpark-kellerwald-edersee.de: *Märchen und Mythen und das Kulturerbe der Buchenwälder*, 2018

Fischer, Stefan: *Verzwergt*, sueddeutsche.de, 2018

Ammer, Förster, Höllerl: *Zur Bedeutung von intraspezifischer Konkurrenz bei Rotbuche (Fagus sylvatica L.) in frühen Verjüngungsstadien*, Forstarchiv, 2010

Ligot, Balandier, Fayolle et al.: *Height competition between Quercus petraea and Fagus sylvatica natural regeneration in mixed and uneven-aged stands*, Forest Ecology and Management, 2013

Mina, del Rio, Huber et al.: *The symmetry of competitive interactions in mixed Norway spruce, silver fir and European beech forests*, Journal of Vegetation Science, 2018

Ferrenberg, Mitton: *Smooth bark surfaces can defend trees against insect attack: resurrecting a »slippery« hypothesis*, Functional Ecology, 2013

forstpraxis.de: *Bekommen Bäume eigentlich einen Sonnenbrand?*, 2020

Van der Kaars, Miller, Turney et al.: *Humans rather than climate the primary cause of Pleistocene megafaunal extinction in Australia,* Nature Communications, 2017

Johnson, E.C.: *Ecological consequences of Late Quaternary extinctions of megafauna,* Proceedings of the Royal Society B, 2009

Hitchmough, Vera: *Grazing ecology and forest history,* Garden History, 2002

Detlef, Hessenmöller, Seele et al.: *Die Buche. Eine Kultur- und Wirtschaftsgeschichte,* Biologie in unserer Zeit, 2010

Schmidt, Walter: *Deutsche Buche: Schattenbaum verdient mehr Rampenlicht,* fr.de, 2009

BMEL: *Über 300 Jahre forstliche Nachhaltigkeit,* 2019

dw.com: *Deutscher Waldgipfel: Drei Wege zur Rettung sterbender Wälder,* 2021

Schmidt, Sabine: *»Wir sollten die Bäume in Ruhe machen lassen!«,* buchjournal.de, 2021

5 Herrscher des Feuers

awe.gov.au: *Forest fire data,* 2021

Filkov, Ngo, Matthews et al.: *Impact of Australia's catastrophic 2019/20 bushfire season on communities and environment. Retrospective analysis and current trends,* Journal of Safety Science and Resilience, 2020

Boer, de Dios, Bradstock: *Unprecedented burn area of Australian mega forest fires,* Nature Climate Change, 2020

fire.ca.gov: *2020 Incident Archive,* 2022

npr.org: *California's Dixie Fire Is Now The 2nd Largest In State History,* 2021

dw.com: *Waldbrände: Portugals ewiger Kampf,* 2020

umweltbundesamt.de: *Waldbrände,* 2021

wwf.org.au: *New WWF report: 3 billion animals impacted by Australia's bushfire crisis,* 2020

wildlife.org: *California wildfires may have killed hundreds of cougars,* 2020

whc.unesco.org: *Greater Blue Mountains Area,* 2022

Müller, Flament, Matthews et al.: *Formation of Australian continental margin highlands driven by plate–mantle interaction,* Earth and Planetary Science Letters, 2016

Benson, Hager: *The eucalypts of Greater Blue Mountains World Heritage Area: distribution, classification and habitats of the species of Eucalyptus, Angophora and Corymbia (family Myrtaceae) recorded in its eight reserves*, Cunninghamia, 2010

Mount, A.B.: *Eucalypt ecology as related to fire*, 9th Tall Timbers Fire Ecology Conference, 1969

Hay, Ashley: *Eucalyptus and the ancient kingdom of fire*, australiangeographic.com, 2021

mdr.de: *Wie Eukalyptus-Bäume Australiens Waldbrände anheizen*, 2020

Nearmy, Tracy: *Open data shows lightning, not arson, was the likely cause of most Victorian bushfires last summer*, theconversation.com, 2020

Mao, Frances: *Australia fires: How extreme »firestorms« make their own weather*, bbc.com, 2019

Smith, Peter: *Impact of the 2019-20 fires on the Greater Blue Mountains World Heritage Area*, Report to Blue Mountains Conservation Society, 2021

ABC News: *The Blue Mountains iconic eucalypt forests show signs of recovery after the bushfires*, youtube.com, 2020

Heath, Chafer, Bishop: *Post-fire recovery of eucalypt-dominated vegetation communities in the Sydney Basin, Australia*, Fire Ecology, 2016

Judd, Benjamen: *Eucalyptus trees: nature's own arsonists*, nine.com.au, 2016

Griffith, Jeremy: *The science of bushfires is settled: Eucalypts are incinerators from hell dressed up as trees*, The Spectator, 2020

Burrows, Geoffrey: *Buds, bushfires and resprouting in the eucalypts*, Australian Journal of Botany, 2013

Dos Santos, Matias, Deus et al.: *Fire effects on capsules and encapsulated seeds from Eucalyptus globulus in Portugal*, Plant Ecology, 2015

O'Dowd, Gill: *Predator satiation and site alteration following fire: mass reproduction of alpine ash (Eucalyptus delegatensis) in southeastern Australia*, Ecology, 1984

Lingenöhl, Daniel: *Waldbrände in Portugal: Eine unvermeidliche Katastrophe?*, spektrum.de, 2017

Schmidt, Schnitzler: *Feuer und Flamme für Artenvielfalt. Ein Blick in die faszinierende Welt der Pyrophyten – an Feuer angepasste Pflanzen*, Natur und Museum, 2010

Wohlleben, Peter: *Waldbrände nützen der Natur? Eine gefährliche Sichtweise!*, geo.de, 2020

Gowlett, J.A.J.: *The discovery of fire by humans: a long and convoluted process,* Philosophical Transactions of the Royal Society B, 2016
Fletcher, Romano, Connor et al.: *Catastrophic bushfires, indigenous fire knowledge and reframing science in Southeast Australia,* Fire, 2021
Hill, Beer, Hill et al.: *Evolution of the eucalypts – an interpretation from the macrofossil record,* Australian Journal of Botany, 2016
Gandolfo, Hermsen, Zamaloa et al.: *Oldest known Eucalyptus macrofossils are from South America,* PloS One, 2011
Arnold, Carrie: *Wildfires of Varying Intensity Can Be Good for Biodiversity,* quantamagazine.org, 2021
Pickrell, John: *Wildfires have spread dramatically – and some forests may not recover,* nationalgeographic.com, 2020

6 Grausamer Götterbaum

Dempsey, Amy: *The heavenly tree with a seedy side,* thestar.com, 2010
Passig, Kathrin: *Auf der Suche nach dem Spermabaum,* taz.de, 2002
Adams, Cecil: *Sperm trees of Los Angeles,* straightdope.com, 1985
Emerson, Sarah: *This Is Why Your City Smells Like Cum and Vomit Every Spring,* vice.com, 2017
Swingle, Walter T.: *The early European history and the botanical name of the Tree of Heaven, Ailanthus altissima,* Journal of the Washington Academy of Sciences, 1916
Hu, Shiu Ying: *Ailanthus,* Arnoldia, 1979
Treviranus, Ludolphe-Chrétien: *Sur la génération des deux sexes dans la régne végétal,* Journal complémentaire du dictionaire des sciences médicales, 1824
Jonnes, Jill: *The Living Dinosaur,* harvardmagazine.com, 2011
Brühl, Jannis: *Fällung stinkender Ginkgos: Ekliges in Essen,* sueddeutsche.de, 2014
Lossau, N.: *Einwandererbäume haben keinen Platz in der EU,* welt.de, 2019
Shah, Behula: *The Checkered Career of Ailanthus altissima,* Arnoldia, 1997
Encyclopaedia Britannica: *Ailanthus,* 1911
McNeur, Catherine: *The Tree That Still Grows in Brooklyn, And Almost Everywhere Else,* gothamcenter.org, 2018

Stein, Annett: *Verfluchter Götterbaum!*, welt.de, 2019
Rebbeck, Jolliff: *How long do seeds of the invasive tree, Ailanthus altissima remain viable?*, Forest Ecology and Management, 2018
Kowarik, Säumel: *Biological flora of Central Europe: Ailanthus altissima (Mill.) Swingle*, Perspectives in Plant Ecology, Evolution and Systematics, 2007
Heisey, Rod: *Allelopathy and the Secret Life of Ailanthus altissima*, Arnoldia, 1997
Caramelo, Pedro, Marques et al.: *Insights into the Bioactivities and Chemical Analysis of Ailanthus altissima (Mill.) Swingle*, Applied Sciences, 2021
Caser, Demasi, Caldera et al: *Activity of Ailanthus altissima (Mill.) Swingle Extract as a Potential Bioherbicide for Sustainable Weed Management in Horticulture*, Agronomy, 2020
psu.edu: *Penn State Scientists: Tree Of Heaven Really Isn't*, 1999
Barth, Karl Günther: *Hände weg vom Götterbaum – er macht teuflisch Ärger*, abendblatt.de, 2014
t-online.de: *Dieses Gewächs besser nicht in den Garten lassen*, 2021
Vor, Spellmann, Bolte et al.: *Potenziale und Risiken eingeführter Baumarten*, Universitätsverlag Göttingen, 2015
Rigos, Alexandra: *Götterbaum oder Teufelszeug?*, nabu.de, 2021
Farah, Troy: *Tree of heaven is a hellish invasive species. Could a fungus save the day?*, nationalgeographic.com, 2021
manufactum.de: *Honig Berliner Sommer*, 2022

7 Weiße Vampire im Monsterwald

Kaplan, Sarah: *The mystery of the »ghost trees« may be solved*, washingtonpost.com, 2016
Burns, Campbell, Cowan: *State of Redwoods Conservation Report*, savetheredwoods.org, 2018
parks.ca.gov: *Henry Cowell Redwoods SP: Cultural History*, 2022
sempervirens.org: *Redwoods Facts and History*, 2022
Del Tredici, Peter: *Redwood Burls: Immortality Underground*, Arnoldia, 1999
Pittermann, Cowan, Kaufman et al: *The water relations and xylem attribu-*

tes of albino redwood shoots (Sequoia sempervirens (D. Don.) Endl.), PLoS One, 2018
biology.state.edu: *CSU alum helps sequence ancient and massive redwood tree genome to study its mutations*, 2022
Neale, Zimin, Zaman et al.: *Assembled and annotated 26.5 Gbp coast redwood genome: a resource for estimating evolutionary adaptive potential and investigating hexaploid origin*, G3, 2021
Kress, Soltis, Kersey et al.: *Green plant genomes: What we know in an era of rapidly expanding opportunities*, PNAS, 2022
Emmerich, Robert: *Das größte Tier-Genom der Welt*, uni-wuerzburg.de, 2021
Stapleton, Tom: *Chimera Redwoods*, chimeraredwoods.com, 2022
Frank, Chitwood: *Plant chimeras: The good, the bad, and the »Bizarria«*, Developmental Biology, 2016
Rogers, Paul: *Mystery of »ghost trees« unlocked?*, santacruzsentinel.com, 2016
Krieger, Lisa M.: *Albino redwoods hold scientific mystery*, mercurynews.com, 2010
Moore, Zane: *Ghost Redwoods – Solving the Albino Redwoods Mystery*, Mountain Echo, 2016
Pallardy, Richard: *Botanical albinos: The science behind plants without chlorophyll*, earth.com, 2022
economist.com: *For the colour of their skin*, 2016
Burns, Emily: *Ten signs of hope in a forest after fire*, sempervirens.org, 2021
Frost, Garrison: *Explaining the mystery behind fairy rings in the redwoods*, savetheredwoods.org, 2021
Caballero-Ortiz, Marcos A.: *Parasitic plants: Important components of biodiversity*, The Plant Press, 2019
Welsh, Jennifer: *A Creepy Monster of the Forest: The Albino, Vampiric Redwood Tree*, discovermagazine.com, 2010
Standen, Amy: *Ghostly Redwoods Are Forest's Rare Haunting*, npr.org, 2010
Feild, Brodribb: *A unique mode of parasitism in the conifer coral tree Parasitaxus ustus (Podocarpaceae)*, Plant, Cell & Environment, 2005
Hawkes, Alison: *Tree trekker breaks records finding »extreme« trees*, baynature.org, 2012
Rogers, Kaleigh: *These Mysterious Pure White Redwood Trees Defy the Laws of Nature*, vice.com, 2017

Moore, Zane: *Albino leaves in Sequoia sempervirens show altered anatomy and accumulation of heavy metals*, ucanr.edu, 2016
Isnard, L'Huillier, Paul et al.: *Novel insights into the hyperaccumulation syndrome in Pycnandra (Sapotaceae)*, Frontiers in Plant Science, 2020
Albat, Daniela: *Pflanzliche Metallsammler*, scinexx.de, 2019
apnews.com: Researcher: *California's albino redwoods filter soil toxins*, 2016
Sidder, Aaron: *Stalking Down Answers: Why Are Some Redwoods White?*, smithsonianmag.com, 2016
Vaden, Mario D.: *Albino Redwood is not a Messiah*, mdvaden.com, 2016
Gächter, Alexandra: *Weshalb eine seltene Albino-Buche im Toggenburg ohne Blattgrün überlebt*, tagblatt.ch, 2018

8 Schmarotzende Sandelhölzer

comedix.de: *Lexikon: Mistel*, 2022
gizbonn.de: *Mistel (Viscum album)*, 2022
Mainer, Bernhard: *Mistelzweig und Menschenopfer*, spiegel.de, 2010
Bolten, Anna: *Misteln: Raffinierter Parasit und traditionsreiche Heilpflanze*, scinexx.de, 2021
sueddeutsche.de: *Experte: Misteln sind für Bäume kein Problem*, 2014
sueddeutsche.de: *Misteln machen Wäldern zu schaffen: vor allem den Kiefern*, 2018
Nierhaus-Wunderwald, Lawrenz: *Zur Biologie der Mistel*, WSL, 1997
Schramayr, Georg: *Die Laubholzmistel*, Amt der NÖ Landesregierung, 2012
Petercord, Wauer, Krüger et al.: *Grüne Mitesser*, LWF aktuell, 2017
Mylo, Hofmann, Delp et al.: *Advances on the visualization of the internal structures of the European mistletoe: 3D reconstruction using microtomography*, Frontiers in Plant Science, 2021
Delavault, Philippe: *Knowing the parasite: Biology and genetics of the Orobanche*, Helia, 2014
Vidal-Russell, Nickrent: *The first mistletoes: Origins of aerial parasitism in Santalales*, Molecular Phylogenetics and Evolution, 2008
Barlow, Bryan: *Mistletoes of Australia and the World: Evolutionary Origin*, Australian National Herbarium, 2011
Nickrent, Daniel L.: *Santalales (Including Mistletoes)*, eLS, 2011

Nickrent, Daniel L.: *Parasitic angiosperms: How often and how many?,* Taxon, 2020

Kumar, Joshi, Ram: *Sandalwood: History, uses, present status and the future,* Current Science, 2012

Dhanya, Viswanath, Purushothaman: *Sandal (Santalum album L.) conservation in Southern India: A review of policies and their impacts,* Journal of Tropical Agriculture, 2010

Luedi, Jeremy: *Under the Radar: How sandalwood is transforming crime and commerce in Asia,* globalriskinsights.com, 2017

Pallavi, Aparna: *Return of scented wood,* downtoearth.org.in, 2015

Tennakoon, Cameron: *The anatomy of Santalum album (Sandalwood) haustoria,* Canadian Journal of Botany, 2006

Rocha, Santhoshkumar: *Host Plant Influence on Haustorial Growth and Development of Indian Sandalwood (Santalum album),* Indian Sandalwood: A Compendium, 2022

Hugo, Victor: *Les Travailleurs de la mer,* 1866

Doddabasawa, Chittapur, Lokesh: *Parasitism ecology of sandalwood (Santalum album L.) for commercial production in the semi-arid tropics,* Current Science, 2020

Keenan, Parija: *This Sandalwood Plantation Is About to Make Its Owners a Lot of Money,* bloomberg.com, 2017

Kumar, Dhyani, Joshi: *Santalum album IUCN Red List assessment,* 2019

9 Von wegen Weihnachtsbaum

Veenendal, Abebrese, Walsh et al.: *Root hemiparasitism in a West African rainforest tree Okoubaka aubrevillei (Santalaceae),* New Phytology, 1996

Borokini, Temitope I.: *Okoubaka aubrevillei (Pelleg & Norman): A synthesis of existing knowledge for research and conservation in West and Central Africa,* Journal of Biology and Life Science, 2015

Wiesenauer, Markus: *Homöopathie: Okoubaka aubrevillei,* DAZ, 2007

Heide-Jørgensen, Henning S.: *Viscum Biology,* viscum.dk, 2020

Dorji, Donaubauer, Wingfield et al.: *Himalayan dwarf mistletoe (Arceuthobium minutissimum) and the leafy mistletoe Taxillus kaempferi on blue pine (Pinus wallichiana) in Bhutan,* JAERD, 2012

deBruyn, Paetkau, Ross et al.: *Thermogenesis-triggered seed dispersal in dwarf mistletoe*, Nature Communications, 2015
Dowe, John L.: *The Australian Paintings of Marianne North, 1880–1881: landscapes »doomed to shortly disappear«*, Cunninghamia, 2020
Macintyre, Dobson: *Traditional significance of Nuytsia floribunda (»moojar« or »kaanya tree«)*, Anthropology from the Shed, 2019
Ryan, John C.: *A Very Striking Parasite: Cultural History of the Christmas Tree*, Griffith Review, 2015
Honeybone, Edwards: *WA's native Christmas tree puts traditional pine variety well and truly in the shade*, abc.net.au, 2019
Western Mail: *Christmas Tree (Nuytsia floribunda)*, trove.nla.gov.au, 1921
Herbert, Desmond A.: *Nuytsia floribunda (The Christmas Tree) – Its structure and parasitism*, JPRSWA, 1919
Clifford, H. Trevor: *Herbert, Andrew Desmond (1898–1976)*, Australian Dictionary of Biography, 1996
Gaynor, Andrea: *How to eat a wilderness*, insidestory.org.au, 2015
Al Jrood, Tabarak: *New $400m WA museum Boola Bardip opens to public after four years of building works*, abc.net.au, 2020
Calladine, Pate: *Haustorial structure and functioning of the root hemiparasitic tree Nuytsia floribunda (Labill.) R.Br. and water relationships with its hosts*, Annals of Botany, 2000
Low, Tim: *Australia's giant parasitic Christmas tree*, Australian Geographic, 2017
Wynne, Emma: *Native mistletoe, Western Australia's Christmas tree, declining in urban areas*, abc.net.au, 2014

10 Tödliche Tamarisken

Elsner, Harald: *Salze in Deutschland*, Bundesanstalt für Geowissenschaften und Rohstoffe, 2016
Bayer, Njue: *The Impact of Salts on Plants and How to Reduce Plant Injury from Winter Salt Applications*, ag.umass.edu, 2016
umweltbundesamt.de: *Streumittel und Streusalz*, 2022
Cain, Kathleen: *The Cottonwood Tree: An American Champion*, Johnson Books, 2007

Quattrocchi, U.: *CRC World Dictionary of Plant Names: Common Names, Scientific Names, Eponyms, Synonyms, and Etymology,* CRC Press, 1999
Sevigny, Melissa L.: *The Thirsty Tree,* terrain.org, 2011
Hughes, Lee E.: *»The Devil's Own« – Tamarisk,* Rangelands, 1993
Robinson, T.W.: *Introduction, spread and areal extent of saltcedar (Tamarix) in the Western States,* US Geological Survey, 1965
Bishara, Yara: *Scourge of Southwest remarkably resilient,* Durango Herald, 2015
US Senate: *Interior Department and Related Agencies Appropriations for 1962,* Washington, 1961
The Nature Conservancy: *America's Least Wanted: Alien Species Invasions of U.S. Ecosystems,* 1996
Bichell, Rae E.: *There's A Domestic War Raging Right Now – Against A Plant,* cpr.org, 2018
Bacigalupi, Paolo: *The Tamarisk Hunter,* High Country News, 2006
Sher, Quigley: *Tamarix: A Case Study of Ecological Change in the American West,* Oxford University Press, 2015
Lite, Stromberg: *Surface water and ground-water thresholds for maintaining Populus-Salix forests, San Pedro River, Arizona,* Biological Conservation, 2005
Kansas Geological Survey: *Phreatophytes: Plants that suck up groundwater,* geokansas.ku.edu, 2022
Shafroth, Brown, Merritt: *Saltcedar and Russian Olive Control Demonstration Act Science Assessment,* US Geological Survey, 2010
pflanzenforschung.de: *Halophyten,* 2022
Cederborg, Michelle: *Which came first, the salt or the saltcedar?,* colorado-riparian.org, 2008
Larmer, Paul: *Tackling Tamarisk,* High Country News, 1998
USDA Forest Service: *Field Guide for Managing Saltcedar in the Southwest,* 2014
Song, Lisa: *Attack of the Dromedaries,* High Country News, 2010
Booth, Michael: *Why planting tenacious tamarisk seemed like a good idea until it wasn't, and other harrowing tales of Colorado's invasive species,* Colorado Sun, 2019
Owens, Moore: *Saltcedar water Use: Realistic and Unrealistic Expectations,* Rangeland Ecology and Management, 2007

Hughes, Candace: *How We Created a Monster In the American Southwest*, smithsonianmag.com, 2015
Chew, Matthew K.: *The Monstering of Tamarisk: How Scientists made a Plant into a Problem*, Journal of the History of Biology, 2009
Katz, Brigit: *Monster Invasive Tumbleweed Is Outgrowing Its Parent Species*, smithsonianmag.com, 2019
alpenflusslandschaften.de: *Deutsche Tamariske*, 2015

11 Eiben sollst du meiden

naturwald-akademie.org: *Paterzeller Eibenwald*, 2022
Barkham, Patrick: *Britain's ancient yews: mystical, magnificent – and unprotected*, theguardian.org, 2019
Benham, Durrant, Caudullo et al.: *Taxus baccata in Europe: distribution, habitat, usage and threats*, European Atlas of Forest Tree Species, 2016
Lobiuc, Cuibari, Frunzete et al.: *The effects of Taxus baccata L. aqueous extracts on germination, seedling growth and physiological parameters of test species*, Journal of Horticulture, Forestry and Biotechnology, 2016
Gegechkori, Arnold: *Patterns of distribution and survival of European yew (Taxus baccata L.) in an alpine tree line ecotone in the Greater Caucasus (Georgia)*, Annals of Agrarian Science, 2018
Scheeder, Thomas: *Zur anthropogenen Nutzung der Eibe*, Der Eibenfreund, 2000
Allington-Jones, Lu: *The Clacton Spear: The Last One Hundred Years*, Archaeological Journal, 2015
Thieme, Veil: *Neue Untersuchungen zum eemzeitlichen Elefanten-Jagdplatz Lehringen, Ldkr. Verden*, Die Kunde, 1985
Universitat Autònoma de Barcelona: *The oldest Neolithic bow discovered in Europe*, 2012
Stadler, Jochen: *Neue Theorie: Ötzi war Krieger und Jäger*, profil.at, 2017
Hurley, Vic: *Arrows Against Steel: The History of the Bow and How It Forever Changed Warfare*, Cerberus Books, 2011
fh-augsburg.de: *Plinius Secundus Maior: Naturalis historia*, 77 n. Chr.
Dyce, Alexander: *A General Glossary to Shakespeare's Work*, 1904

life-baccata.eu: *The yew tree, a tree of great cultural and ethnographic value,* 2021

Schönberger, Otto: *Caesar: De bello Gallico – Der Gallische Krieg,* Akademie Verlag, 2013

Lee, Michael R.: *The yew tree (Taxus baccata) in mythology and medicine,* Proceedings of the Royal College of Physicians of Edinburgh, 1998

Schutzgemeinschaft Deutscher Wald: *Die Eibe,* 2013

Laqueur, Thomas W.: *Beneath the Yew Tree's Shade,* The Paris Review, 2015

Hüser, Christoph: *Eibenvergiftung: Europäische Eibe,* toxdocs.de, 2021

Thomas, Polwart: *Biological Flora of the British Isles: Taxus baccata L.,* Journal of Ecology, 2003

Lipovsek, Christian: *Falsche Tierliebe: Eiben vergiften Rinder und Pferde,* shz.de, 2013

Wilson, Sauer, Hooser: *Taxines: a review of the mechanism and toxicity of yew (Taxus spp.) alkaloids,* Toxicon, 2001

Strnadl, Susanne: *Die Eibe kriegt keine Ruhe,* derstandard.at, 2013

Serangeli, Jordi: *Die Jäger von Schöningen: Spuren von Menschen und Säbelzahnkatzen im »Speerhorizont«,* Archäologie in Niedersachsen, 2015

Barlow, Connie: *The Ghosts of Evolution: Nonsensical Fruit, Missing Partners, and Other Ecological Anachronisms,* Basic Books, 2002

archaelogie-online.de: *Wildpferde überlebten Temperaturanstieg nach der Eiszeit,* 2011

Ammer, Vor, Knoke et al.: *Der Wald-Wild-Konflikt,* Universitätsverlag Göttingen, 2010

Hageneder, Fred: *Die Eibe in neuem Licht,* Neue Erde Verlag, 2007

Reijnen, Bethlehem, Remmen et al.: *Post-mortem findings in 22 fatal Taxus baccata intoxications and a possible solution to its detection,* Journal of Forensic and Legal Medicine, 2017

Wheate, Nial: *Taxol, the anticancer drug discovered in the bark of a tree,* theconversation.com, 2016

12 Der Baum der Erkenntnis

Kirk, T. Kent: *Tropical Trees of Florida and the Virgin Islands: A Guide to Identification, Characteristics and Uses*, Pineapple Press, 2009

BBC Mundo: *El árbol de la muerte, el más peligroso del mundo*, 2016

Strickland, Nicola H.: *Eating a manchineel »beach apple«*, British Medical Journal, 2000

Barker, Nigel H.: *Manchineel keratoconjunctivitis*, The British Journal of Ophthalmology, 1993

Stephens, Christopher: *10 Drastically Dangerous Trees of Death*, toptenz.net, 2018

Swaine, Beer: *Explosive seed dispersal in Hura crepitans L. (Euphorbiaceae)*, New Phytologist, 1977

Candeias, Matt: *In Defense of Plants: An Exploration into the Wonder of Plants*, Mango Publishing, 2021

britannica.com: *sandbox tree*, 2022

Barss, Peter: *Injuries due to falling coconuts*, The Journal of Trauma: Injury, Infection, and Critical Care, 1984

Mulford, Oberli, Tovosia: *Coconut palm-related injuries in the Pacific Islands*, ANZ Journal of Surgery, 2001

Hanser, Kira: *Was den »Ritter der Kokosnuss« auf die Palme bringt*, welt.de, 2017

sbs.com.au: *Dropping season for giant Bunya pine cones*, 2018

Sokolow, Römer: *Wenn Bäume plötzlich Äste verlieren*, spiegel.de, 2018

Acker, Samuel: *Vegetarismus im Christentum: Dürfen Christen Tiere essen?*, deutschlandfunk.de, 2016

Coogan, Michael D.: *The Oxford Encyclopedia of the Books of the Bible*, Oxford University Press, 2011

Adams, Cecil: *Was the forbidden fruit in the Garden of Eden an apple?*, straightdope.com, 2006

Anonymous: *Did God »create evil« when He created the Tree of the knowledge of good and evil?*, ebible.com, 2013

Sandler, Willibald: *Hat Gott dem Menschen eine Falle gestellt? Theologie des Sündenfalls und Sündenfall der Theologie*, Zeitschrift für Katholische Theologie, 2007

wordsoflight.ch: *War der Baum der Erkenntnis böse?*, 2016

Wohlleben, Peter: *Das geheime Leben der Bäume,* Ludwig Verlag, 2015
Breuer, Rayna: *The origins of the Germans' special relation to the forest,* dw.com, 2018
Pontes, Ulrich: *Die Freiheit der Fruchtfliege,* sueddeutsche.de, 2011
Gagliano, Marder: *What a plant learns. The curious case of Mimosa pudica,* botany.one, 2019
Auf dem Kampe, Jörn: *»Man kann die Erbse trainieren, fast wie einen Hund«,* geo.de, 2019
Markel, Kasey: *Lack of evidence for associative learning in pea plants,* eLife, 2020
Gruntman, Groß, Májeková et al.: *Decision-making in plants under competition,* Nature Communications, 2017
Schmid, Bernhard: *Decision-Making: Are Plants More Rational than Animals?,* Current Biology, 2016

Zitate im Buch

Der Abdruck der folgenden Schmuckzitate erfolgte mit freundlicher Genehmigung der jeweiligen Verlage:

S. 103: C.G. Jung: *Aion: Beiträge zur Symbolik des Selbst,* Patmos Verlag, 2021

S. 163: Markus Bennemann, *Das große Adventskalenderbuch,* dtv, 2004

S. 183: John Updike, *Rabbit in Ruhe,* übersetzt von Maria Carlsson, Rowohlt, 1994